Inhaltsverzeichnis

Dieses Heft gehört: Klasse:

Strichlisten, Tabellen und Diagramme

▶ **Grundwissen**

Mit Tabellen und Diagrammen kann man Informationen gut erfassen und vergleichen.

Beispiel: Haustiere der 5a

Tiere	Anzahl
Hunde	|||
Katzen	⊬⊦⊦⊦ ||
Vögel	
Hamster	⊬⊦⊦⊦	

Strichliste

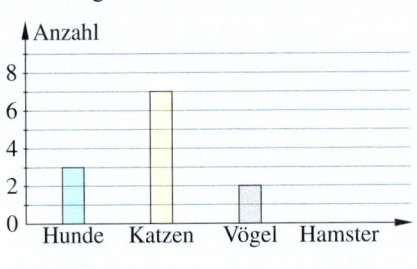

Säulendiagramm

▶ **Auftrag:** Ergänze die Strichliste und das Säulendiagramm.

Trainieren

1 Ergänze die Tabellen.

a) Katrin, Axel und Niklas haben ihre Siege beim Würfeln erfasst.

Person	Anzahl
Katrin	
Alex	
Niklas	

b) Die Leiterin einer Bäckereikette veranschaulichte die Anzahl ihrer Verkäuferinnen.

Ein 👧 steht für jeweils 3 Verkäuferinnen.

Ort	Verkäuferinnen
Mainz	
Berlin	
Frankfurt	
Hannover	

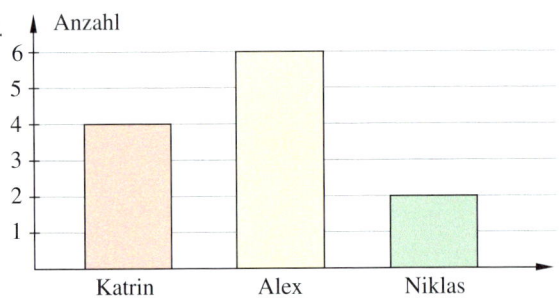

2 Stelle folgende Ergebnisse des Dauerlaufs im Säulendiagramm dar.

Anzahl der Runden	Anzahl der Schüler
5					
6	⊬⊦⊦⊦ ||
7	⊬⊦⊦⊦ |||
8				

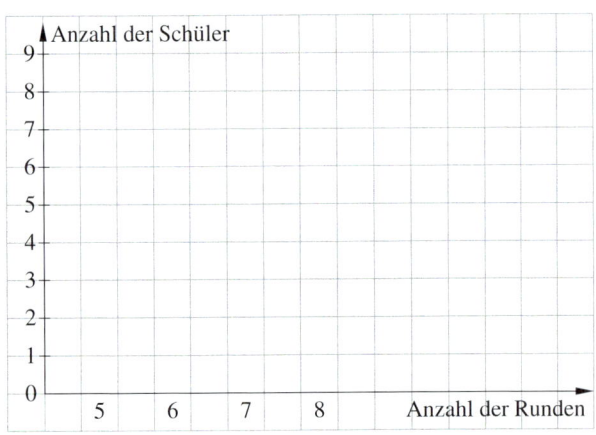

Anwenden und Vernetzen

3 David beobachtete von seinem Fenster aus die Straße.
Er notierte in einer Strichliste die Anzahl der Autos jeder Marke, die vorbeifuhren.
Es kamen vier Opel, sieben Volkswagen, drei Mercedes, zwei Fords, fünf Renaults und ein Mazda vorbei.

a) Wie könnte seine Strichliste aussehen?
Ergänze die Tabelle entsprechend.

b) Stelle Davids Daten im einem Säulendiagramm dar.

4 In einem Diagramm wurden die Einwohnerzahlen der Orte Niedermehnen, Alt Windeck und Welda dargestellt.

Niedermehnen:

Alt Windeck:

Welda:

a) Lies die Einwohnerzahlen von Niedermehnen und Alt Windeck ab.

b) Insgesamt leben 14 000 Einwohner in den drei Orten. Ermittle die Anzahl der Einwohner von Welda.
Veranschauliche sie im Diagramm.

c) Welcher Ort hat die meisten Einwohner? Begründe deine Antwort mithilfe des Diagramms.

d) Stimmt es, dass Alt Windeck 2 000 Einwohner mehr hat als Welda?
Nenne zwei Möglichkeiten, wie man das feststellen kann.

e) Zusatzaufgabe: Schätze, wie viele Einwohner dein Heimatort hat. Wie bist du vorgegangen?

Große natürliche Zahlen

▶ **Grundwissen**

Gib sechs natürliche Zahlen an. _____

Gib die kleinste natürliche Zahl an. _____

Gib den Vorgänger der natürlichen Zahl 4 120 an. _____

Gibt es eine natürliche Zahl, die keinen Vorgänger hat? _____ Wenn ja, welche? _____

Gib den Nachfolger der natürlichen Zahl 53 999 an. _____

Gibt es eine natürliche Zahl, die keinen Nachfolger hat? _____ Wenn ja, welche? _____

▶ **Auftrag:** Ergänze.

Trainieren

1 Welche Zahlen gehören zu den farbig markierten Stellen?

a)

b)
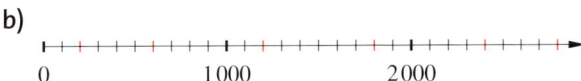

2 Markiere auf dem Zahlenstrahl.

a) 80; 110; 30; 150; 65; 40; 25; 125

b) 8 000; 16 000; 14 000; 1 000; 6 000; 11 000; 3 000

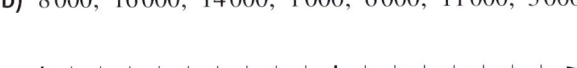

3 Vergleiche.

a) 254 332 ⬜ 254 323   b) 496 576 ⬜ 78 564   c) 1 857 762 ⬜ 99 987   d) 305 999 ⬜ 350 444

e) 278 378 ⬜ 287 323   f) 476 576 ⬜ 76 576   g) 899 762 ⬜ 899 762   h) 305 329 ⬜ 350 432

4 Welche Ziffern können jeweils für das Sternchen eingesetzt werden, damit wahre Aussagen entstehen?

a) 564 < 5*4 _____   b) 987 *54 < 987 354 _____

c) 6 214 > 6 21* _____   d) 1 208 104 > 1 208 *04 _____

5 Ordne die Zahlen nach der Größe. Beginne mit der kleinsten Zahl.   5 203; 235; 523; 2 305; 5 230; 253; 2 053; 5 032

6 Trage die Zahlen in die Stellenwerttafel ein.

   a) sechsundsiebzig Millionen sieben
   b) zwanzig Milliarden fünftausend
   c) achthundertacht Milliarden achthundert-
      achttausend
   d) sechs Billionen sechzig Millionen
      sechshunderttausend

Billionen			Milliarden			Millionen			Tausender					
H	Z	E	H	Z	E	H	Z	E	H	Z	E	H	Z	E

Anwenden und Vernetzen

7 Die Sonne ist der größte Körper unseres Sonnensystems. Sie hat einen Durchmesser von 1 392 000 km.
Die Durchmesser der Planeten unseres Sonnensystems liegen zwischen 143 000 km (Jupiter) und 4 900 km (Merkur).
Die Venus hat ungefähr den gleichen Durchmesser wie die Erde (12 800 km). Der Durchmesser des größten
Jupitermondes beträgt 5 280 km, der des Erdmondes 3 470 km.

a) Trage die im Text genannten Zahlen in die Stellenwerttafel ein.

Millionen			Tausender					
H	Z	E	H	Z	E	H	Z	E

b) Ordne die Himmelskörper nach der Größe. Schreibe die Zahlen in Worten.

_____ Kilometer

Merkur   viertausendneunhundert _____ Kilometer

_____ Kilometer

Erde _____ Kilometer

_____ Kilometer

_____ Kilometer

8 Wahr oder falsch? Begründe deine Antwort.

a) Es gibt eine sechsstellige Zahl, die größer ist als 999 999.   ☐ wahr   ☐ falsch

_____

b) Es gibt eine fünfstellige Zahl, deren Vorgänger vierstellig ist.   ☐ wahr   ☐ falsch

_____

c) Die kleinste vierstellige Zahl, die mit den Ziffern 1; 5; 2 und 9 gebildet werden kann,   ☐ wahr   ☐ falsch
wenn keine Ziffer mehrmals verwendet wird, ist 1529.

_____

9 Der Ziffernfolge der Zahlen liegt jeweils eine Regel zugrunde.
Ergänze die fehlenden Ziffern und gib die Regel an. Schreibe die entsprechende Zahl ohne Ziffern auf.

a) | 5 | 0 | 5 | 0 | 5 | 0 | | | _____

_____

b) | 1 | 2 | 3 | 1 | 2 | 3 | 1 | 2 | | _____

_____

Masse

▶ **Grundwissen**

Einheiten	Umrechnung	Beispiel
Tonne (t)	1 t = _____ kg	Pkw; _____ Schüler der Klasse
Kilogramm (kg)	1 kg = _____ g	
Gramm (g)	1 g = _____ mg	
Milligramm (mg)		

▶ **Auftrag:** Ergänze die Größenangaben.

▶ **Trainieren**

1   In welcher Einheit ist es jeweils sinnvoll, die Masse der Tiere anzugeben?

a) Katze: _____   b) Hund: _____

c) Hamster: _____   d) Elefant: _____

e) Mücke: _____   f) Maus: _____

2   Wandle jeweils in die gegebene Einheit um.

a) 8 t = _____ kg   b) 50 g = _____ mg   c) 78 kg = _____ g

d) 300 kg = _____ g   e) 7 000 t = _____ kg   f) 25 000 mg = _____ g

g) 300 000 g = _____ kg   h) 7 000 mg = _____ g   i) 400 000 000 mg = _____ kg

3   Berechne.

a) 2 t + 300 kg = _____ t   b) 75 kg + 250 g = _____ kg   c) 7 g + 800 mg = _____ g

d) 8 kg + 50 g = _____ kg   e) 80 g + 20 mg = _____ g   f) 1 t + 7 kg = _____ t

g) 8 t + 560 kg = _____ kg   h) 78 g + 50 mg = _____ mg   i) 100 kg + 23 g = _____ kg

4   Gib das Ergebnis jeweils in zwei Einheiten an.

a) 120 kg + 800 g = _____   b) 77 t + 500 kg = _____

c) 1,5 kg + 250 g = _____   d) 80 g + 75 mg = _____

5   Ordne die Massen nach der Größe.
    Beginne mit dem kleinsten Wert.

a) 7 kg; 107 kg; 0,7 kg; 17 kg; 7 100 g   [ ] < [ ] < [ ] < [ ] < [ ]

b) 333 g; 33,033 mg; 3,033 g; 30,033 g   [ ] < [ ] < [ ] < [ ]

c) 54 540 kg; 45 450 kg; 45,540 t; 54,054 t   [ ] < [ ] < [ ] < [ ]

Anwenden und Vernetzen

6 Begründe, warum nur eine der beiden Zeichnungen nicht richtig ist.

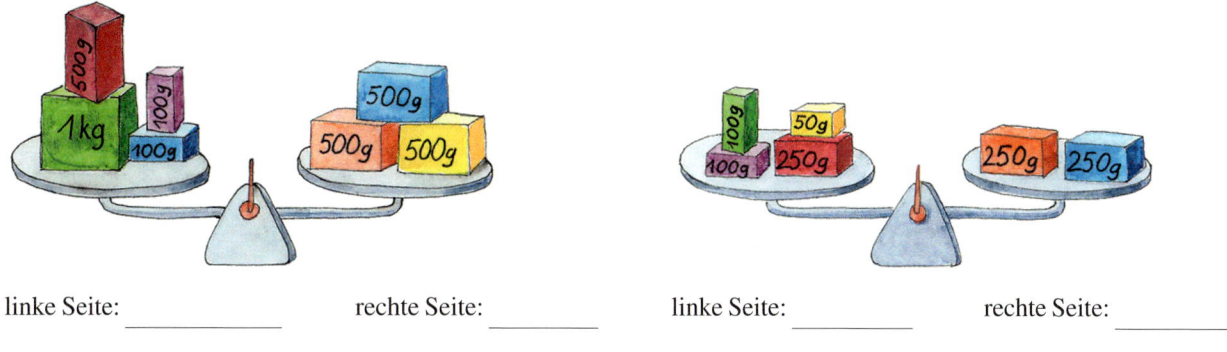

linke Seite: _____   rechte Seite: _____   linke Seite: _____   rechte Seite: _____

7 Die Masse eines Körpers wird durch den Vergleich mit Standardmassen bestimmt. Diese nennt man Wägstücke.

a) Gib jeweils an, welche der abgebildeten Wägstücke auf die rechte Seite der Waage zu legen sind, damit die Waage im Gleichgewicht ist.

rechte Seite: _____   rechte Seite: _____

b) Ermittle die größte Masse, die mit den abgebildeten Wägstücken gemessen werde kann.

_____

_____

c) Könnte man alle abgebildeten Wägstücke so auf der Waage verteilen, dass diese im Gleichgewicht ist? Zusätzliche Hilfsmittel stehen dabei nicht zur Verfügung.

_____

_____

d) Ein Gegenstand soll 700 g schwer sein.
Gib drei Möglichkeiten an, dies mit den abgebildeten Wägstücken zu überprüfen.

	linke Seite	rechte Seite
Möglichkeit A	700 g	
Möglichkeit B	700 g	
Möglichkeit B	700 g	

8 Ein 1 km langer Faden eines Seidenspinners wiegt rund 130 mg. Wie schwer sind folgende Seidenfäden?

a) Ein 200 m langer Faden wiegt _____ mg.   **b)** Ein 500 m langer Faden wiegt _____ mg.

Länge

▶ **Grundwissen**

Einheiten	Umrechnung			
Kilometer (km)	1 km = 1 000 m = _____ dm = _____ cm = _____ mm
Meter (m)	1 m = 10 dm = _____ cm = _____ mm
Dezimeter (dm)	1 dm = 10 cm = _____ mm
Zentimeter (cm)	1 cm = 10 mm
Millimeter (mm)	

Beim Umrechnen von Längeneinheiten in eine kleinere Einheit wird der Zahlenwert _____

▶ **Auftrag:** Ergänze die Größenangaben und den Satz.

Trainieren

1 Wandle in die nächstkleinere Einheit um.

a) 6 cm = _____   b) 12 m = _____   c) 4 dm = _____

d) 27 km = _____   e) 120 cm = _____   f) 370 dm = _____

2 Wandle in die nächstgrößere Einheit um.

a) 40 mm = _____   b) 80 dm = _____   c) 12 000 dm = _____

d) 600 cm = _____   e) 40 000 m = _____   f) 1 700 mm = _____

3 Ergänze jeweils den fehlenden Zahlenwert oder die Einheit.

a) 23 000 cm = 230 _____   b) 7 800 m = _____ cm   c) 4 000 km = _____ m

d) 45 000 mm = _____ m   e) 2 400 cm = _____ mm   f) 3 700 cm = 370 _____

g) 900 m = 90 000 _____   h) 1 200 cm = 12 000 _____   i) 7 600 cm = 76 _____

j) 9 km 37 m = _____ m   k) 10 km 100 m = 10 100 _____   l) 1,5 m = _____ cm

4 Ordne nach der Größe. Beginne mit der kleinsten Länge.

a) 485 mm; 32 cm; 2 m; 1 100 mm; 8 cm; 91 mm; 310 cm

☐ < ☐ < ☐ < ☐ < ☐ < ☐ < ☐

b) 0,85 m; 780 mm; 73 cm; 1,02 m; 120 cm; 1 002 mm; 805 mm

☐ < ☐ < ☐ < ☐ < ☐ < ☐ < ☐

c) 2,5 km; 2 050 m; 25 km; 2,025 km; 2 005 m; 0,25 km; 20 500 m

☐ < ☐ < ☐ < ☐ < ☐ < ☐

5 Schätze zuerst die Länge der abgebildeten Strecke. Miss danach mit einem Lineal nach. _____

Anwenden und Vernetzen

6 Ordne jedem Gegenstand eine der folgenden Größenangaben zu.

| 28 mm | 38 mm | 90 cm | 150 mm | 210 mm | 18 m | 320 m | 15 mm | 21 dm |

a) Breite einer Tür: _____

b) Höhe einer Tür: _____

c) Länge einer Tintenpatrone: _____

d) Dicke eines Buches: _____

e) Länge eines Güterzuges: _____

f) Länge eines Lkws: _____

g) Breite eines Daumens: _____

h) Breite einer DIN-A4-Seite: _____

7 Nenne jeweils drei Gegenstände, die etwa die angegebene Länge haben.
Hinweis: Miss, wenn möglich, zur Kontrolle nach.

a) 5 cm   ① _____   ② _____   ③ _____

b) 1,5 dm   ① _____   ② _____   ③ _____

c) 2 m   ① _____   ② _____   ③ _____

d) 5 mm   ① _____   ② _____   ③ _____

8 Schätze zuerst, welche die kürzeste Verbindung der Punkte entlang der schwarzen Linie vom Anfang *A* zum Ziel *Z* ist.
Ermittle danach die Länge der Verbindung.

Längen der Teilstrecken:

_____

_____

_____

Länge der Verbindung:

_____

_____

9 Laura und ihr Bruder Michael haben 26-Zoll-Fahrräder mit einem Radumfang von 2 m und 8 cm.
Während der Fahrt von der Schule nach Hause hat sich das Vorderrad von Michael 951-mal gedreht.
Wie lang ist der Schulweg etwa?
Zusatzaufgabe: Schätze, wie lang dein Schulweg ist.

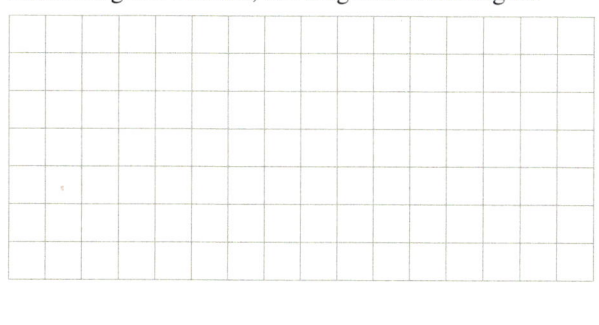

Maßstab

▶ **Grundwissen**

Der Maßstab ist das Verhältnis (der Quotient) der Länge einer beliebigen Strecke im Bild zur entsprechenden Länge der Strecke im Original.

Beispiel: Im rechten Bild des Maikäfers entspricht jeder 1 cm langen Strecke

eine _____ cm lange Stecke im linken Original. Der Maßstab ist _____ : _____ .

▶ **Auftrag:** Bestimme den Maßstab des rechten Bildes vom Maikäfer.

Trainieren

1   Gib die zugehörigen Maßstäbe an und ermittle, wie lang eine 2 km lange Originalstrecke auf einer Karte wäre.

a) 0   250   500   750   1000   1250   1500 m

Maßstab: _____   2 km entsprechen _____ auf der Karte.

b) 0   1   2   3   4   5   6 km

Maßstab: _____   2 km entsprechen _____ auf der Karte.

c) 0   10   20   30   40   50   60 km

Maßstab: _____   2 km entsprechen _____ auf der Karte.

d) 0   5   10   15 km

Maßstab: _____   2 km entsprechen _____ auf der Karte.

2   Ergänze die Tabellen.

a) Maßstäbliche Verkleinerungen

Maßstab	1 : 25	1 : 300	1 : 5	1 : 150
Länge im Bild	2 mm	3 cm		
Länge im Original			2,5 cm	300 dm

b) Maßstäbliche Vergrößerungen

Maßstab	5 : 1	10 : 1	20 : 1	40 : 1
Länge im Bild	2 mm	3 cm		
Länge im Original	0,4 mm		25 m	2,8 dm

3   Euer derzeitiger Unterrichtsraum soll umgestaltet werden. Dazu muss ein maßstabsgetreuer Grundriss auf einem DIN-A4-Blatt angefertigt werden. Welchen Maßstab würdest du empfehlen?
Zusatzaufgabe: Vergleicht die Vorschläge untereinander.

Anwenden und Vernetzen

4 Der Airbus A380 ist der Rekordhalter im Passagiertransport und das zweitgrößte Flugzeug der Welt.
Die Antonow AN-225 ist 11 Meter länger und auch bei der Flügelspannweite übertrifft sie den Airbus um acht Meter.

Daten zum Airbus A380
Länge:	72,30 m
Flügelspannweite:	79,80 m
Höhe:	24,10 m
Maximale Passagierkapazität:	853

a) Das Foto zeigt ein Modell des Airbus A380 mit rund 30 cm Flügelspannweite.
Jeweils eine der Angaben ist richtig. Kreuze diese an.

Maßstab des Modells: ☐ 1 : 25   ☐ 1 : 250   ☐ 1 : 2 500   ☐ 25 : 1   ☐ 250 : 1   ☐ 2500 : 1

Höhe des Modells: ☐ ca. 0,1 km ☐ ca. 0,1 cm ☐ ca. 0,1 dm ☐ ca 1 m ☐ ca. 10 cm ☐ ca. 1000 mm

b) Stell dir vor, ein Original Airbus A380 und eine Antonow AN-225 sollen mit möglichst geringem Rechenaufwand groß und von oben gesehen auf jeweils ein DIN-A4-Blatt gezeichnet werden.
Welcher Maßstab ist dafür geeignet?
Wie lang und breit werden die entsprechenden Bilder der Flugzeuge etwas?

_____

_____

_____

c) Reichen die Plätze im Airbus A380 für einen gemeinsamen Flug aller Schülerinnen und Schüler eurer Schule aus?
Begründe deine Antwort.

_____

_____

5 Plane eine $2\frac{1}{2}$- bis 3-stündige Stadtwanderung und zeichne den Weg ein.
Ziel und Ausgangspunkt ist das Helmholtz-Gymnasium im Osten.
Beachte, dass durchschnittlich 4 km pro Stunde zurückgelegt werden.
Der Maßstab ist 1 : 35 000.
Zusatzaufgabe: Lass deinen Vorschlag von einer Mitschülerin oder einem Mitschüler überprüfen.

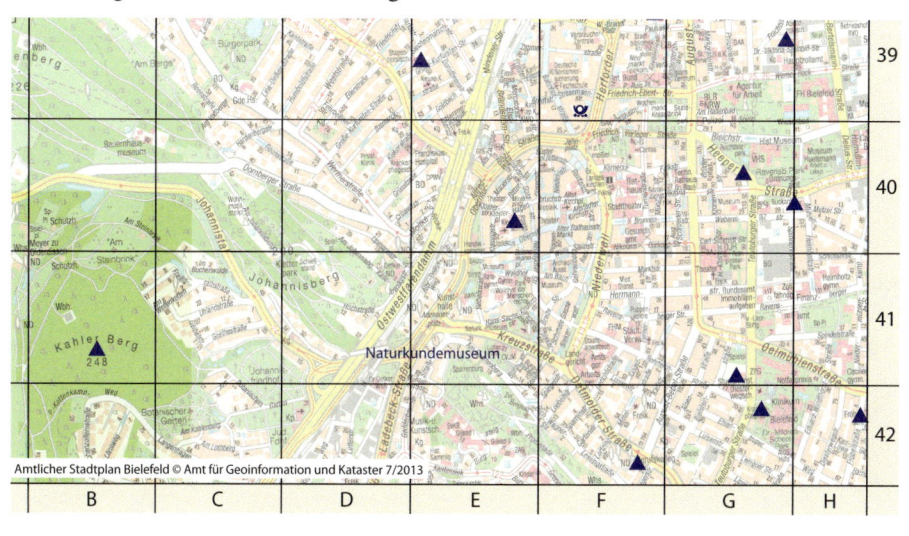

Amtlicher Stadtplan Bielefeld © Amt für Geoinformation und Kataster 7/2013

Zeit

▶ **Grundwissen**

Einheiten	Umrechnung		
Tag (d)	1 d	= 24 h	= _____ min
Stunde (h)	1 h	= 60 min	= _____ s
Minute (min)	1 min	= 60 s	= _____ ms
Sekunde (s)	1 s		

Ein Jahr hat _____ Monate.   Ein Monat hat _____ Tage.   Jede Woche hat _____ Tage.

Jedes Jahr hat _____ Tage, lediglich Schaltjahre alle 4 Jahre haben 366 Tage.

▶ **Auftrag:** Ergänze die Größenangaben.

Trainieren

1   Ordne jeder Tätigkeit die passende Zeitdauer zu.

52 Wochen	2 s	14 d	4 min	15 min	1 h	70 min

a) 4 km wandern: _____   **b)** CD abspielen: _____   **c)** Datum aufschreiben: _____

d) Zähne putzen: _____   **e)** Ferien: _____   **f)** Jahr: _____

2   Wandle in die nächstkleinere Einheit um.

a) 12 h = _____   **b)** 5 min = _____   **c)** 3 d = _____

d) 4 Wochen = _____   **e)** 8 h = _____   **f)** 6 Wochen = _____

g) 15 min = _____   **h)** 10 d = _____   **i)** 600 s = _____

3   Wandle in die nächstgrößere Einheit um.

a) 30 min = _____   **b)** 96 h = _____   **c)** 28 d = _____

d) 480 s = _____   **e)** 120 min = _____   **f)** 900 min = _____

g) 120 h = _____   **h)** 90 s = _____   **i)** 264 h = _____

4   Gib die Zeitspannen in den gegebenen Einheiten an.

a) Vom 3. Mai um 12:00 Uhr bis zum 3. Mai um 17:00 Uhr sind es ____ h.

b) Vom 2. Mai um 12:00 Uhr bis zum 3. Mai um 17:00 Uhr sind es ____ h.

c) Vom 3. Mai um 15:00 Uhr bis zum 15. Mai um 21:00 Uhr sind es ____ d ____ h.

d) Vom 3. Mai um 12:13 Uhr bis zum 5. Mai um 17:24 Uhr sind es ____ d ____ min.

e) Vom 3. Mai um 12:44 Uhr bis zum 5. Mai um 12:56 Uhr sind es ____ h ____ min.

Anwenden und Vernetzen

5 Der erste Bus fährt um 5:10 Uhr vom Bahnhof zur Vorstadt. Er wartet dort zwei Minuten und fährt dann die selbe Strecke zum Bahnhof zurück. Die Busse fahren im Abstand von 30 min. Vervollständige den Fahrplan für die Buslinie vom Bahnhof zur Vorstadt und zurück.

Bahnhof — Goethestraße — Rathaus — Stadtpark — Rosenstraße — Vorstadt

1 min — 2 min — 2 min — 1 min — 6 min

5.10	5.40		↓	Bahnhof	↑			
5.11			↓	Goethestraße	↑			
			↓	Rathaus	↑	5.33		
			↓	Stadtpark	↑	5.31		
			↓	Rosenstraße	↑	5.30		
			↓	Vorstadt	↑	5.24		

6 Damit die Reparaturarbeiten an der Bahnlinie 5 schneller gehen, wird ab dem 25. Juli bis zum 4. August jeweils in den Nächten von Montag auf Dienstag ab 23:00 Uhr bis 4:45 Uhr ein eingleisiger Bahnverkehr eingerichtet. Gib die Zeitdauer an, in der der Stellwerksleiter mit Verzögerungen im Verkehr rechnet. Schreibe unterschiedliche Antworten auf?

_____

_____

_____

_____

7 Warten fällt auch bei Sonnenschein schwer.
Ergänze die Zeitpunkte sowie die Zeitspannen und schreibe eine kurze Geschichte auf.

12:15 Uhr _____   _____   _____   _____

75 min _____   _____   _____

_____

_____

_____

Messen unter null

▶ **Grundwissen**

Die natürlichen Zahlen $\mathbb{N} = \{0; \ 1; \ 2; \ 3 \ ...\}$ und die _____ $\{-1; \ -2; \ -3 \ ...\}$

bilden zusammen die Menge der ganzen Zahlen $\mathbb{Z} = \{... -3; \ -2; \ -1; \ 0; \ 1; \ 2; \ 3; \ ...\}$.

▶ **Auftrag:** Ergänze den Satz.

Trainieren

1 Veranschauliche folgende Zahlen an der Zahlengeraden.   2; −1; −7; 11; 7; 4; −12; −14; 5; −5; 0

2 Gib, wenn möglich, jeweils drei ganze Zahlen an, die auf der Zahlengerade zwischen den gegebenen Zahlen liegen.

   a) Zwischen − 3 und 1 liegen _____

   b) Zwischen 2 und − 2 liegen _____

   c) Zwischen − 3 und − 6 liegen _____

   d) Zwischen − 7 und 0 liegen _____

   e) Zwischen 1 und − 1 liegen _____

   f) Zwischen 1 und − 4 liegen _____

3 Welche Zahl könnte die gesuchte Zahl sein?
Gib, wenn möglich, mehrere Beispiele an.

   a) Anne sucht eine natürliche Zahl, die höchstens einen Abstand von drei zu −2 hat. _____

   b) Jonas sucht eine natürliche Zahl, die mindestens einen Abstand von fünf zu 0 hat. _____

   c) Lina sucht eine ganze Zahl, die höchstens einen Abstand von drei zu −1 hat. _____

   d) Luis sucht eine ganze Zahl, die genau einen Abstand von siebzig zu −3 hat. _____

4 Gib jeweils die benachbarten ganzen Zahlen an.

   a) ____ < 15 < ____

   b) ____ < − 15 < ____

   c) ____ < 0 < ____

5 Ordne die Temperaturangaben. Beginne mit dem kleinsten Wert.   − 55° C; 10° C; 17° C; − 11° C; − 45° C; 24° C; − 23° C; − 28° C; 3°

_____

6 Notiere jeweils die nächsten drei ganzen Zahlen.

   a) 10; 8; 6; 4 ... _____

   b) − 109; − 107; − 105; − 103 ... _____

   c) − 5; 0; 5; 10 ... _____

   d) − 7; 5; − 3; 2 ... _____

Anwenden und Vernetzen

7 Gib zuerst den Sachverhalt mit einer ganzen Zahl an.
Schreibe danach die Gegenzahl und deren mögliche Bedeutung im Sachzusammenhang auf.

a) 2 300 € Gewinn   Zahl: _____   Gegenzahl: _____

Bedeutung der Gegenzahl: _____

_____

b) 7° C über null   Zahl: _____   Gegenzahl: _____

Bedeutung der Gegenzahl: _____

_____

c) 3 Sekunden nach dem Start   Zahl: _____   Gegenzahl: _____

Bedeutung der Gegenzahl: _____

_____

d) 2. Etage   Zahl: _____   Gegenzahl: _____

Bedeutung der Gegenzahl: _____

_____

e) 859 m über NN   Zahl: _____   Gegenzahl: _____

Bedeutung der Gegenzahl: _____

_____

8 Unsere Zeitrechnung begann mit der Geburt Christi. Zeitangaben, die vor dem Beginn unserer Zeitrechnung liegen, erhalten deshalb den Zusatz v. Chr. (vor Christus).

a) Finde heraus, wer von den drei Römern am ältesten wurde? Begründe deine Antwort.

römischer Staatsmann	römischer Kaiser
Julius Cäsar	**Augustus**
Geburt: 100 v. Chr.	Geburt: 63 v. Chr.
Tod: 44 v. Chr.	Tod: 14 n. Chr.

_____

_____

römischer Kaiser	Gründung Roms
Tiberius	753 v. Chr.
Geburt: 42 v. Chr.	
Tod: 37 n. Chr.	

_____

_____

_____

b) Vor wie vielen Jahren wurde Rom gegründet?

_____

_____

Im Kopf addieren und subtrahieren

▶ **Grundwissen**

- Addieren bedeutet so viel wie _____

- Subtrahieren bedeutet so viel wie _____

- Beim Addieren dürfen die Summanden vertauscht werden. Die _____ ändert sich dadurch nicht.

▶ **Auftrag:** Trage folgende Begriffe an den richtigen Stellen ein:
zusammenzählen; abziehen; Unterschied berechnen; hinzufügen; Summe; vermehren.

Trainieren

1 Schreibe die Rechenausdrücke auf und berechne.

a) Addiere 3 zu 45. _____

b) Füge 8 zu 51 hinzu. _____

c) Subtrahiere 2 von 50. _____

d) Ziehe 5 von 44 ab. _____

2 Addiere.

a) $307 + 40 =$ _____

b) $20 + 803 =$ _____

c) $660 + 120 =$ _____

d) $61 + 401 =$ _____

e) $97 + 50 =$ _____

f) $30 + 87 =$ _____

g) $606 + 77 =$ _____

h) $45 + 90 =$ _____

i) $807 + 99 =$ _____

j) $756 + 80 =$ _____

k) $660 + 440 =$ _____

l) $660 + 91 =$ _____

3 Subtrahiere.

a) $75 - 40 =$ _____

b) $126 - 8 =$ _____

c) $64 - 12 =$ _____

d) $65 - 41 =$ _____

e) $97 - 51 =$ _____

f) $77 - 27 =$ _____

g) $80 - 79 =$ _____

h) $45 - 45 =$ _____

i) $80 - 19 =$ _____

j) $750 - 80 =$ _____

k) $610 - 40 =$ _____

l) $660 - 91 =$ _____

4 Setze passende Rechenzeichen ein.

a) 40 ☐ 80 ☐ 20 = 140

b) 77 ☐ 27 ☐ 30 = 20

c) 100 ☐ 80 ☐ 19 = 1

d) 45 ☐ 45 ☐ 3 = 93

e) 23 ☐ 50 ☐ 13 = 60

f) 75 ☐ 80 ☐ 20 = 135

g) 210 ☐ 40 ☐ 15 = 185

h) 66 ☐ 77 ☐ 55 = 44

5 Ergänze die fehlenden Zahlen in den Additionsmauern.

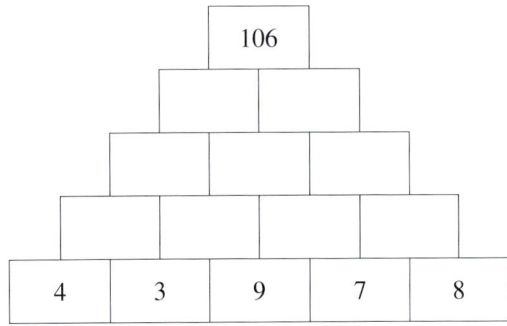
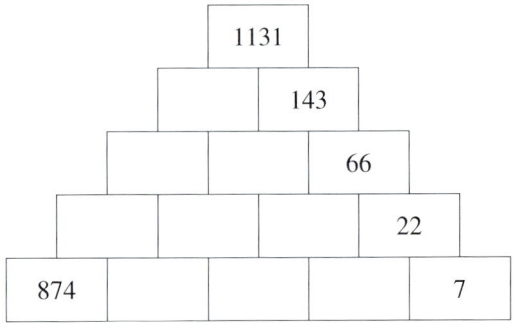

Anwenden und Vernetzen

6 Zahlenrätsel

a) Schreibe jeweils die Lösung in das Feld mit dem
entsprechenden Buchstaben.

A: 15 vermindert um 8
B: 8 vermehrt um 9
C: Differenz von A und B
D: Summe von A und B
E: Vorgänger von D
F: Nachfolger von D

16	A	33	44
B	13	50	C
34	22	D	15
E	47	12	F

b) Addiere im Kopf die Zahlen jeder Spalte und jeder Zeile. Rechne vorteilhaft.
Hinweis: Die Summe aller Zahlen der Tabelle ist 392.

Zeile 1: _____   Zeile 2: _____   Zeile 3: _____   Zeile 4: _____

Spalte 1: _____   Spalte 2: _____   Spalte 3: _____   Spalte 4: _____

c) Wenn alle Zahlen aus dem ausgefüllten Zahlenquadrat von 500 subtrahiert werden, ist das Ergebnis _____

7 Auf der Karte sind Entfernungen zwischen Orten angegeben.

a) Kreuze an.
Zusatzaufgabe: Begründe deine Entscheidung.

① Von Köln nach Frankfurt/M. sind es etwa 183 km.

☐ wahr   ☐ falsch

② Von Köln nach Hannover sind es etwa 287 km.

☐ wahr   ☐ falsch

③ Von Köln nach Emmerich sind es etwa 235 km.

☐ wahr   ☐ falsch

④ Von Köln nach Giessen sind es etwa 227 km.

☐ wahr   ☐ falsch

⑤ Von Trier nach Aachen sind es etwa 257 km.

☐ wahr   ☐ falsch

⑥ Von Bremen nach Münster sind es etwa 568 km.

☐ wahr   ☐ falsch

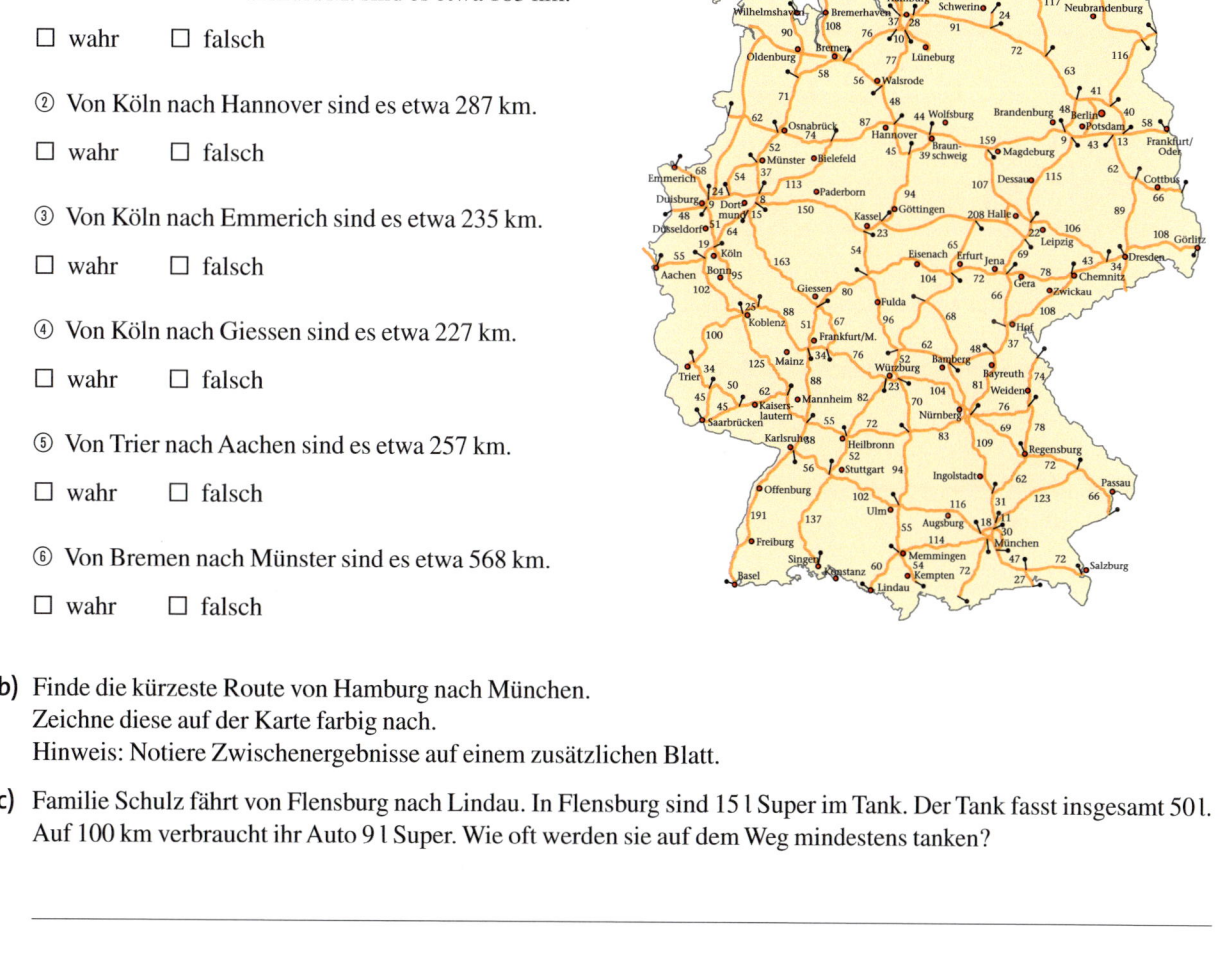

b) Finde die kürzeste Route von Hamburg nach München.
Zeichne diese auf der Karte farbig nach.
Hinweis: Notiere Zwischenergebnisse auf einem zusätzlichen Blatt.

c) Familie Schulz fährt von Flensburg nach Lindau. In Flensburg sind 15 l Super im Tank. Der Tank fasst insgesamt 50 l.
Auf 100 km verbraucht ihr Auto 9 l Super. Wie oft werden sie auf dem Weg mindestens tanken?

_____

_____

Schriftlich addieren und subtrahieren

▶ **Grundwissen**

- Bei der schriftlichen Addition und Subtraktion ist zu beachten, dass

  – alle Zahlen _____ untereinander geschrieben werden,

  – _____ mit dem Addieren bzw. Subtrahieren begonnen wird und

  – der Übertrag jeweils in die _____ Spalte geschrieben wird.

- Mithilfe eines Überschlags solltest du prüfen, ob _____

Beispiele:

Überschlag:	5	0	0	+	9	0	=	5	9	0
			5	3	1					
	+			8	7					
			1							
			6	1	8					

Überschlag:	2	4	0	–	1	4	0	=	1	0	0
			2	3	9						
	–		1	4	3						
			1								
				9	6						

▶ **Auftrag:** Ergänze den Text.

1 Überschlage zuerst. Addiere danach schriftlich.

a) _____

	7	1	3	7
+		8	4	1

b) _____

	5	4	8	9
+	6	7	5	2

c) _____

	4	0	9	2	3
+	5	9	2	5	0

2 Überschlage zuerst. Subtrahiere danach schriftlich.

a) _____

	9	2	5	9
–	8	1	0	4

b) _____

	9	0	0	3
–	4	9	0	4

c) _____

	7	7	0	6	3
–	6	9	0	1	4

3 Schreibe jeweils zuerst das Ergebnis des Überschlags auf. Rechne danach schriftlich.

a) _____

	8	9	7	3
+	8	2	8	2
+	8	8	1	0

b) _____

	7	8	8	6
+	5	0	2	1
+	1	1	8	9

c) _____

	8	9	9	2
+	5	2	3	0
+	1	4	2	3

d) _____

	3	6	4	5
+		8	2	9
+	1	9	5	7

Anwenden und Vernetzen

4 Rechne schriftlich. Überschlage im Kopf und vergleiche mit deinem Ergebnis.

a) Eine Zahnradbahn fährt von der Talstation (712 m über dem Meeresspiegel)
zum Zugspitzplatt (2 601 m über dem Meeresspiegel).
Berechne den Höhenunterschied.

Der Höhenunterschied beträgt _____ m.

b) Die erste technisch nutzbare Glühbirne wurde von Edison im Jahr 1879
erfunden. Vor wie vielen Jahren war das?

Es war vor _____ Jahren.

c) Eine Bibliothek hat bereits 47 530 Bücher. Es sollen 8 747 Bücher dazu gekauft
werden. Wie viele Bücher sind es danach?

Danach sind es _____ Bücher.

d) Ein neuer Fernseher kostet bei Mad-Markt 1 295 €. Das gleiche Gerät gibt es
bei Sad-Markt für 979 €.
Wie viele Euro ist der Fernseher bei Sad-Markt preiswerter?

Bei Sad-Markt kostet der Fernseher _____ weniger.

e) Ein Inter-City-Express (ICE) fuhr von Hamburg nach München.
In Hamburg war der Kilometerstand 345 678 km und in München 346 500 km.
Wie viel Kilometer ist der Zug gefahren?

Der Zug fuhr _____

f) Im Stadion zahlen 17 896 Zuschauer an Kasse 1 ihren Eintritt, 7 855 an Kasse 2,
4 568 an Kasse 3 und 7 961 an Kasse 4.
Wie viele der 38 750 Karten wurden verkauft? Wie viele gibt es noch?

_____ Karten wurden verkauft.

Es gibt noch _____ Karten.

5 In einem Erlebnisbad wurden in den Sommerferien die Besucher gezählt.

	Kinder, Jugendliche (Preis pro Tag: 5 €)	Erwachsene (Preis pro Tag: 9 €)
1. Woche	2 025	1 678
2. Woche	2 130	1 817
3. Woche	2 670	1 923
4. Woche	2 978	1 861
5. Woche	3 972	1 732
6. Woche	4 179	1 210
Summe:		

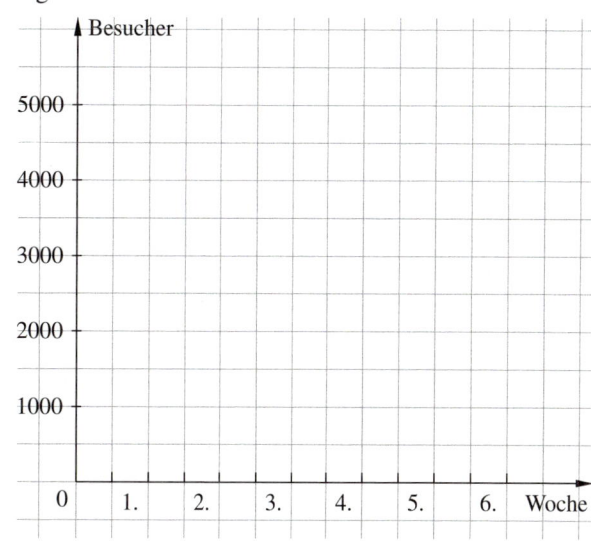

a) Veranschauliche rechts in einem Säulendiagramm, wie viele Besucher pro Woche im Erlebnisbad waren.

b) Ergänze in der Tabelle unten die Summen.

Ganze Zahlen addieren und subtrahieren

▶ **Grundwissen**

- Zwei ganze Zahlen mit gleichen Vorzeichen werden addiert, indem man die Beträge der Zahlen addiert. Das Vorzeichen der Summe ist gleich dem Vorzeichen der beiden Summanden.

  Beispiele: $+14 + (+63) = +(14 + 63) =$ _____ $-22 + (-33) =$ _ (_____) = _____

- Zwei ganze Zahlen mit verschiedenen Vorzeichen werden addiert, indem man die Beträge bildet und den kleineren Betrag vom größeren Betrag subtrahiert. Das Vorzeichen der Summe ist gleich dem Vorzeichen der Zahl mit dem größeren Betrag.

  Beispiele: $+14 + (-63) = -(63 - 14) =$ _____ $-22 + (+33) =$ _ (_____) = _____

- Man subtrahiert eine ganze Zahl, indem man ihre Gegenzahl addiert.

  Beispiele: $+14 - (+63) = +14 + (-63) =$ _____ $-22 - (-33) =$ _____ = _____

▶ **Auftrag:** Ergänze. Mit diesen Regeln und denen in deinem Buch kommst du zum gleichen Ergebnis. Ergänze.

1 Addiere.

a) $+380 + (+40) =$ _____

b) $-50 + (-723) =$ _____

c) $+66 + (+78) =$ _____

d) $-61 + (-534) =$ _____

e) $-97 + (+50) =$ _____

f) $+50 + (-87) =$ _____

g) $+606 + (-77) =$ _____

h) $-45 + (-90) =$ _____

i) $-333 + (+83) =$ _____

2 Subtrahiere.

a) $+387 - (+40) =$ _____

b) $+20 - (-803) =$ _____

c) $-660 - (+120) =$ _____

d) $-61 - (-401) =$ _____

e) $+97 - (+50) =$ _____

f) $-30 - (-87) =$ _____

g) $-606 - (+77) =$ _____

h) $-45 - (+90) =$ _____

i) $-30 + (-87) =$ _____

3 Setze passende Rechenzeichen ein.

a) $+40$ ☐ (-80) ☐ $(-20) = -60$

b) -77 ☐ $(+17)$ ☐ $(-30) = -30$

c) -100 ☐ (-80) ☐ $(-9) = -189$

d) -45 ☐ (-45) ☐ $(-3) = -3$

e) $+23$ ☐ (-53) ☐ $(+13) = 63$

f) $+75$ ☐ (-85) ☐ $(-25) = -35$

4 Ergänze die fehlenden Zahlen in den Additionsmauern.

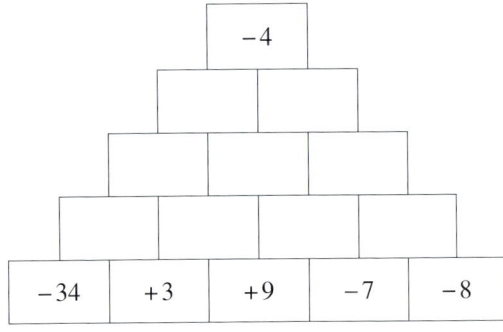

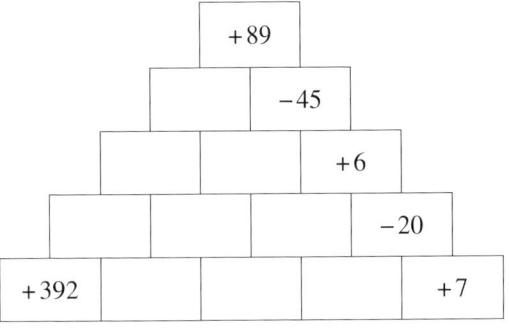

Anwenden und Vernetzen

5 Frau Schmidt hat am Monatsanfang 1 755 € auf ihrem
Konto. Im Laufe des Monats gab es folgende
Kontobewegungen:
eine Abhebung von 225,00 € und eine von 150,00 €
am Geldautomaten; eine Einzahlung von 950,00 €;
eine Abbuchung der Miete von 325,00 € und eine
Rückzahlung vom Finanzamt von 115 € für zu viel
gezahlte Steuerbeträge. Kann Frau Schmidt am
Monatsende die 2 300 € teure Sitzecke vom Geld
auf dem Konto bezahlen?

_____

_____

6 Andrea, Manja, Sven und Martin haben Karten gespielt. Alle bemühten sich um möglichst viele Punkte.
Wer belegt welchen Platz?

Andrea:	36 Minuspunkte;	18 Pluspunkte;	60 Pluspunkte
Manja:	18 Pluspunkte;	33 Minuspunkte;	36 Minuspunkte
Sven:	54 Minuspunkte;	48 Minuspunkte;	81 Pluspunkte
Martin:	88 Pluspunkte;	44 Minuspunkte;	54 Minuspunkte

_____

_____

_____

7 Zeichne Wege vom Start zum Ziel ein, die jeweils von einem Kästchen in ein benachbartes Kästchen führen
(z. B. von +12 entweder zu −24 oder zu −32). Durchlaufe kein Kästchen mehrmals.
Hinweis: Nutze ein zusätzliches Blatt, Bleistift und Radiergummi.

Start	+12	−24	+8	−5	+1	−9	−13
	−32	+14	−4	+6	−12	+8	−12
	+28	+16	+11	+1	−10	−5	−20
	−4	−3	−13	+11	−4	+2	−13
	−8	−10	+16	−20	+10	−22	13	**Ziel**

a) Finde einen Weg, der am Ziel eine Summe mit einem möglichst kleinen Betrag liefert.

_____

b) Finde einen Weg, der am Ziel die Summe −30 liefert.

_____

c) Finde einen Weg, der das Ergebnis −21 liefert, wenn jeweils die Zahl des durchlaufenen Kästchens vom letzten
Ergebnis subtrahiert wird. Der erste Minuend ist +12.

_____

Parallel und senkrecht zueinander

▶ **Grundwissen**

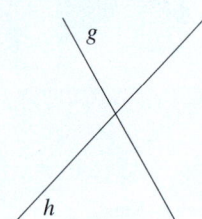 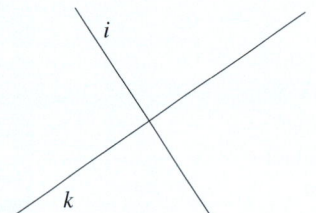 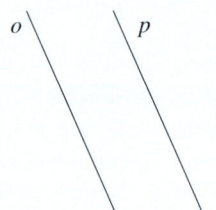

- Die Geraden *g* und *h*

- Die Geraden *i* und *k*

- Die Geraden *o* und *p*

_____

_____

_____

_____

_____

_____

▶ **Auftrag:** Vervollständige die drei Sätze.

Trainieren

1 Arbeite mit dem Geodreieck.

a) Welche der Geraden bzw. Strecken
   sind senkrecht zueinander?

   _____

   _____

b) Welche der Geraden bzw. Strecken
   sind parallel zueinander?

   _____

   _____

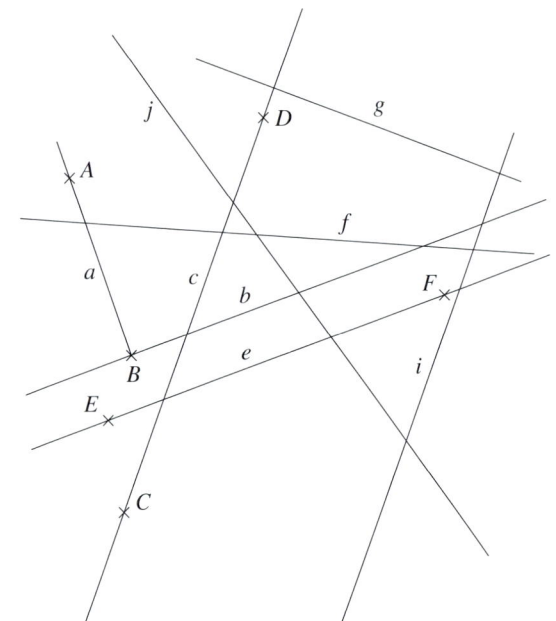

2 Zeichne rechts ein …

a) die Senkrechte zu *AB* durch den Punkt *B*

b) die Senkrechte zu *AB* durch den Punkt *C*

c) die Gerade *AC*

d) die Parallele zu *AC* durch den Punkt *B*

e) die Parallele zu *AB* durch den Punkt *C*

$C_\times$

$\times$ *B*

$\times$ *A*

Anwenden und Vernetzen

3 Unterscheide zwischen Foto und Original

a) Auf dem Foto sind zwei Baumreihen zu sehen.
Sind diese parallel zueinander?
Sind die Wegränder parallel zueinander?

_____

_____

_____

_____

b) Ein gerades Stück Weg ist 15 m lang. Parallel zu diesem Weg werden links und rechts Bäume gepflanzt.
Der Weg ist ca. 25 dm Meter breit. Der Abstand der Bäume in einer Baumreihe beträgt jeweils rund 5 m.
Der Abstand der Bäume zum Wegrand beträgt 130 cm.
Veranschauliche die Situation mit Blick von oben in einer Zeichnung. Wähle 1 cm für 1 m.

Wie viele Bäume wären für ein doppelt so langes Stück Weg erforderlich? _____

4 Setze durch Zeichnen von Senkrechten und Parallelen folgende Muster bis zum rechten Rand fort.
Zusatzaufgabe: Male die entstandenen Bandornamente farbig aus.

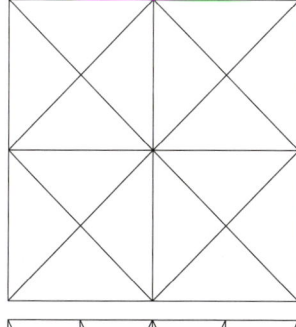

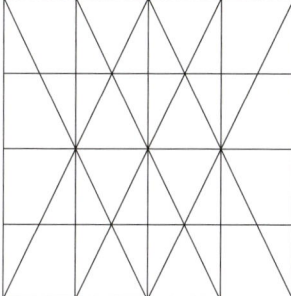

Vierecke

▶ **Grundwissen**

- Jedes Viereck mit vier gleich langen Seiten und vier rechten Winkeln ist _____

- Jedes Viereck mit vier gleich langen Seiten ist _____

- Jedes Viereck mit vier rechten Winkeln ist _____

- Jedes Viereck mit zwei Paaren paralleler Seiten ist _____

- Jedes Viereck mit einem Paar paralleler Seiten ist _____

- Jedes Viereck mit zwei Paaren gleich langer benachbarter Seiten ist _____

▶ **Auftrag:** Ergänze die Sätze. Trage jede Bezeichnung genau einmal ein.

Trainieren

1 Je zwei Seiten eines Vierecks sind gegeben. Ergänze zuerste die fehlenden Seiten und zeichne danach die Diagonalen ein.

a) Raute   **b)** Rechteck   **c)** Quadrat

d) Drachenviereck   **e)** Trapez   **f)** Parallelogramm

2 Benennen von Vierecken

a) Kreuze jeweils alle zutreffenden Bezeichnungen an.

	①	②	③	④	⑤	⑥	⑦	⑧
Quadrat								
Rechteck								
Parallelogramm								
Raute								
Trapez								
Drachenviereck								
Vierecke								

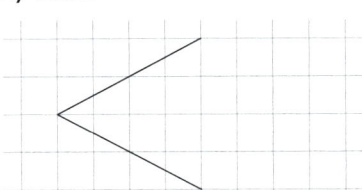

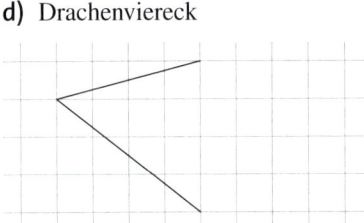
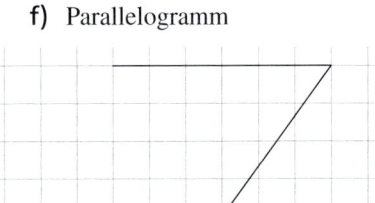

b) Wodurch unterscheidet sich eine Diagonale des Vierecks ⑧ von allen anderen?

_____

Anwenden und Vernetzen

3 Haus der Vierecke

a) Ein Pfeil steht für „ist auch", z. B.:
Eine Raute „ist auch" ein Drachenviereck.
Ergänze die fehlenden Pfeile.

b) Beschreibe die Lage der Diagonalen im Drachenviereck.

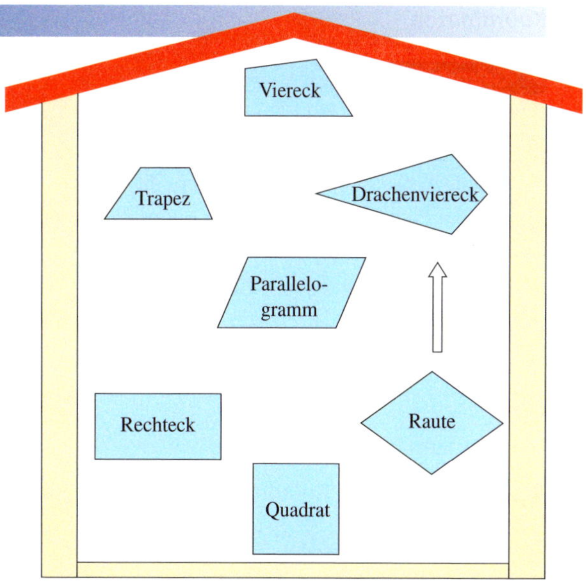

_____

_____

_____

_____

_____

4 Gib jeweils die Anzahl der entsprechenden Vierecke in der Figur an.

Quadrate: _____   Parallelogramme: _____

Rechtecke: _____   Drachenvierecke: _____

Rauten: _____

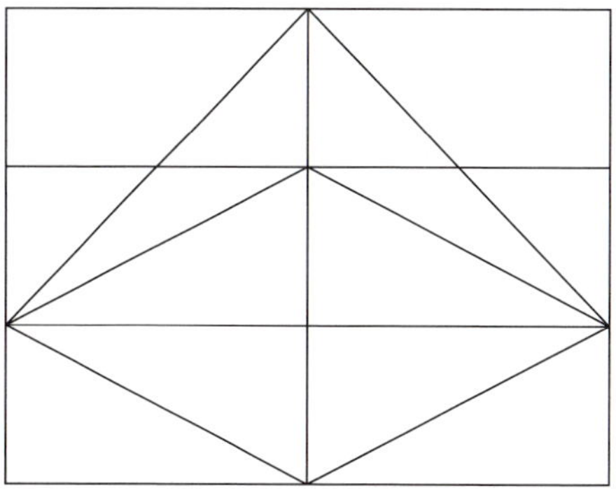

5 Ole möchte aus zwei Leisten und einem großen Bogen
farbigem Papier einen Drachen bauen.
Die Leisten sind 50 cm bzw. 80 cm lang.
Die kürzere Leiste soll etwa 25 cm von der Spitze entfernt
angebracht werden.
Der Bogen Papier ist 47 cm breit und 80 cm lang.
Untersuche, ob die vorhandenen Leisten und das Papier,
so wie sie sind, für den Bau seines Drachens verwendet
werden können. Zum Ausprobieren sind zwei Bogen
vorgegeben.

Zwei Bogen farbiges Papier 80 cm × 47 cm

Koordinaten

▶ Grundwissen

- Ein Koordinatensystem besteht aus zwei zueinander senkrechten Achsen, der x-Achse und der y- Achse.
- Jede Achse ist gleichmäßig unterteilt.
- Jeder Punkt P kann mit seinen Koordinaten $P(x|y)$ angegeben werden.

Beispiel: A (____ | ____)

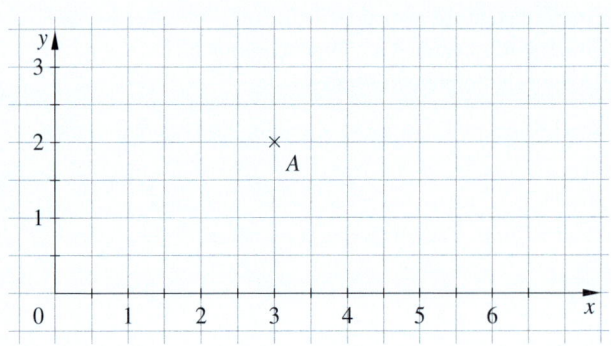

▶ **Auftrag:** Gib die Koordinaten vom Punkt A an.

Trainieren

1 Vervollständige die Angaben zu den im Koordinatensystem eingezeichneten Punkten.

A (1 | ____)   B (5 | ____)

C (6 | ____)   D (2 | ____)

E (____ | ____)   F (____ | ____)

G (____ | ____)   H (____ | ____)

I (____ | ____)   ___ (0 | 2)

L (____ | ____)   ___ (0 | 5)

N (____ | ____)   ___ (3 | 4)

P (____ | ____)   ___ (5 | 0)

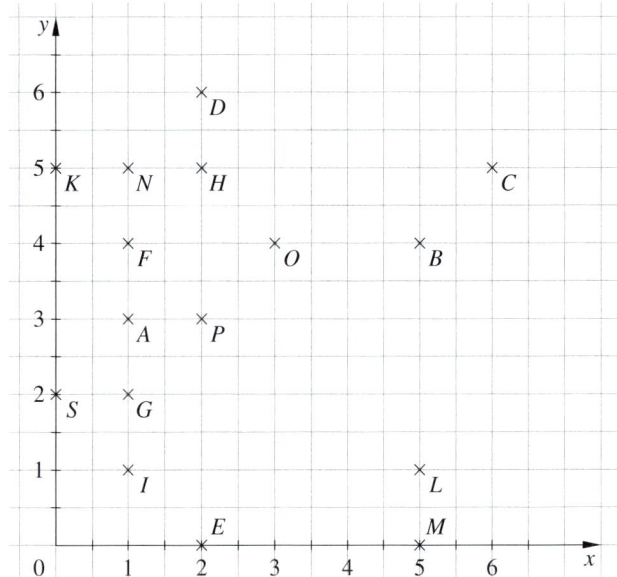

2 Zeichne die Punkte in das Koordinatensystem ein.

A (2 | 3)   B (6 | 1)
C (10 | 3)   D (12 | 7)
E (10 | 11)   F (2 | 11)
G (0 | 7)   H (4 | 7)
I (6 | 5)   K (6 | 9)
L (8 | 7)   M (6 | 12)

Zusatzaufgabe: Was fällt dir auf?

_____

_____

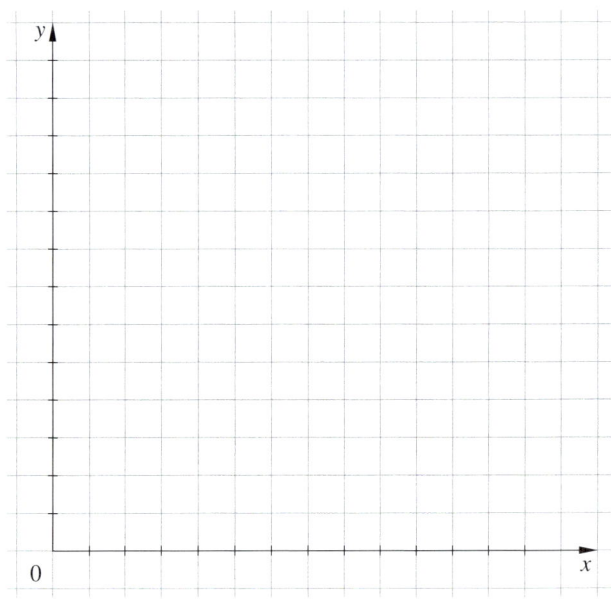

Anwenden und Vernetzen

3 ... im Koordinatensystem

a) Trage folgende Punkte ins Koordinatensystem ein.
Verbinde die Punkte in alphabetischer Reihenfolge
und den Punkt M mit dem Punkt A.

A (2 | 2)	H (7 | 8)	L (3 | 5)
E (10 | 7)	J (6 | 7)	G (9 | 8)
F (8 | 7)	C (12 | 5)	M (1 | 5)
B (11 | 2)	K (3 | 7)	D (10 | 5)

b) Welche Strecken verlaufen parallel zur x-Achse?

_____

c) Welche Strecken verlaufen parallel zur y-Achse?

_____

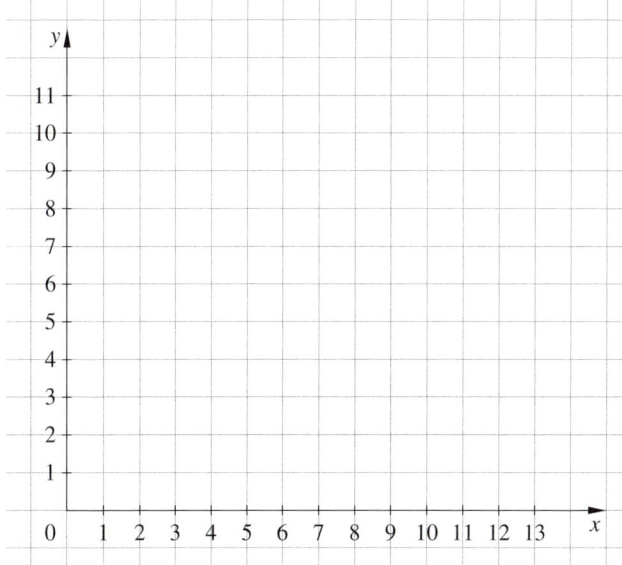

4 Eine Schnecke kriecht vom Punkt A (2 | 2) zum
Punkt B (10 | 2) in 4 Minuten.
Der Weinstock mit den leckeren Beeren befindet sich
am Punkt C (4 | 10). Dorthin kriecht sie danach.
Die Schnecke hat stets die gleiche Geschwindigkeit.
Wie viele Minuten kriecht die Schnecke insgesamt?

_____

_____

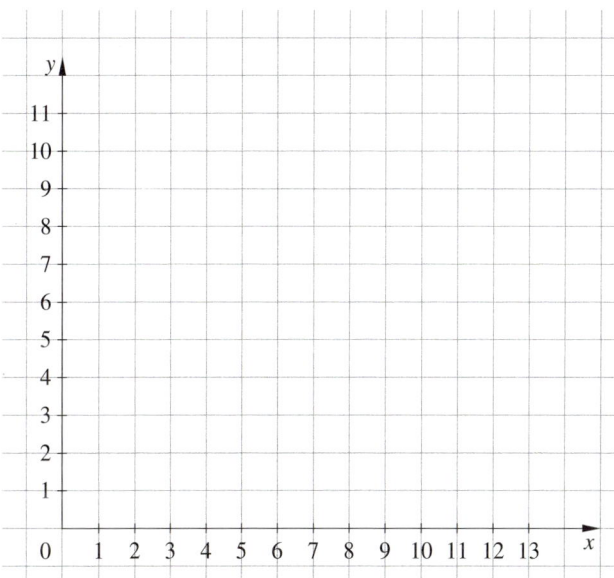

5 Orientierung auf einem Stadtplan

a) Überprüfe folgende Angaben und
berichtige diese gegebenenfalls.

Die Kirche liegt im Planquadrat 3C. _____

Die Schule liegt im Planquadrat 21. _____

Der Bahnhof liegt im Planquadrat 5D. _____

Der Sportplatz liegt im Planquadrat 1D. _____

In 16 Planquadraten gibt es Bäume. _____

b) Welche Planquadrate sind zu durchqueren, wenn man auf dem kürzesten Weg von der Schule zum Bahnhof geht?

_____

Im Kopf multiplizieren und dividieren

▶ **Grundwissen**

- Multiplizieren bedeutet so viel wie _____
- Dividieren bedeutet so viel wie _____
- Beim Multiplizieren dürfen Faktoren vertauscht werden. Dadurch ändert sich das _____ nicht.

▶ **Auftrag:** Trage folgende Begriffe an den richtigen Stellen ein:
teilen; verteilen; malnehmen; Produkt; vervielfachen; aufteilen.

Trainieren

1 Schreibe die Rechenausdrücke auf und berechne.

a) Multipliziere 3 mit 5. _____

b) Halbiere 8. _____

c) Dividiere 12 durch 3. _____

d) Verdreifache 7. _____

2 Multipliziere.

a) $30 \cdot 4 =$ _____

b) $20 \cdot 80 =$ _____

c) $66 \cdot 10 =$ _____

d) $11 \cdot 4 =$ _____

e) $17 \cdot 2 =$ _____

f) $3 \cdot 25 =$ _____

g) $6 \cdot 13 =$ _____

h) $45 \cdot 4 =$ _____

3 Dividiere.

a) $35 : 5 =$ _____

b) $160 : 8 =$ _____

c) $60 : 15 =$ _____

d) $540 : 90 =$ _____

e) $81 : 9 =$ _____

f) $420 : 2 =$ _____

g) $80 : 80 =$ _____

h) $400 : 5 =$ _____

4 Ergänze die fehlenden Zahlen in den Multiplikationsmauern.

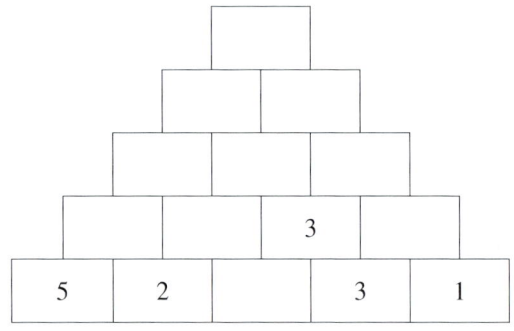

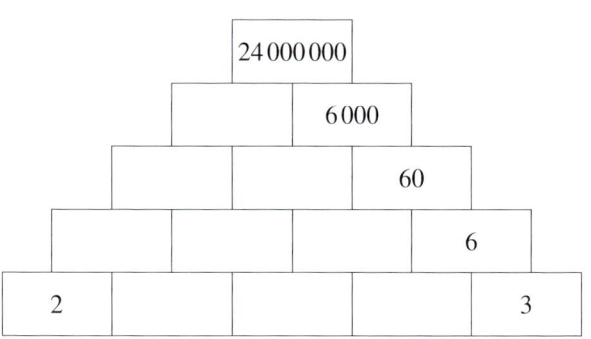

5 Ergänze die Tabelle.

a	12	80	36	11	18	25		
b	3	2					11	3
$a \cdot b$				108	125			
$a : b$			12	1			30	27

Anwenden und Vernetzen

6 Lösen von Zahlenrätseln

a) Mit welcher Zahl ist 8 zu multiplizieren, um 96 zu erhalten?

b) Durch welche Zahl ist 153 zu teilen, um 17 zu erhalten?

c) Durch welche Zahl ist 175 zu dividieren, um 25 zu erhalten?

d) Mit welcher Zahl ist 13 zu vervielfachen, um 65 zu erhalten?

e) Das Produkt welcher 3 aufeinander folgender Zahlen ist 720?

f) Das Produkt zweier Zahlen ist 154. Finde möglichst viele Lösungen.

7 Eine Fluggesellschaft hat 31 989 Buchungen für Flüge zu den Olympischen Spielen. Sie will 6 Jumbojets mit je 350 Plätzen einsetzen.
Jeder Jumbojet soll 15-mal fliegen.
Funktioniert dieser Plan?

8 In einem Automobilwerk laufen stündlich rund 90 Autos vom Montageband.
Die Monteure arbeiten an fünf Tagen in der Woche, in drei Schichten zu je acht Stunden.

a) Wie viele Autos laufen in einer Woche vom Montageband?

b) Schätze ab, wie viele Autos in einem Jahr hergestellt werden können.

9 Ein rechteckiger Fußboden eines Bades soll gefliest werden. Von den großen quadratischen Fliesen passen in eine Reihe 7 Stück und man braucht 15 Reihen. Es werden nur Pakete mit je 12 Fliesen für 5,00 € angeboten.
Für spätere Reparaturen sollen 15 Fliesen übrig bleiben. Für eventuellen Verschnitt sind 10 Fliesen zu kaufen.
Veranschauliche zuerst den Sachverhalt. Berechne danach, wie viel Euro auszugeben sind.

Schriftlich multiplizieren und dividieren

▶ **Grundwissen**

Beispiele:

Überschlag:	4	0	0	·		=		
3	9	1	·	1	3			
		1		7	3			
		5			3			

Überschlag:	5	0	0	:		=		
5	4	0	:	4	5	=	2	
4	5							

▶ **Auftrag:** Ergänze.

Trainieren

1 Ordne mithilfe des Überschlags jeder Aufgabe ihr Ergebnis zu. Zeichne Linien ein.

456 · 41	6 336 : 33	941 · 87	744 : 12	3 321 · 78	7 615 : 5	458 · 8

192	259 038	1 523	18 696	81 867	62	1 523	3 664

2 Überschlage zuerst. Multipliziere danach schriftlich.

a) _____

4	7	8	4	·	3					

b) _____

1	3	4	8	9	·	7				

c) _____

7	4	4	5	6	·	6				

d) _____

5	6	4	5	·	2	3				

e) _____

9	6	4	6	·	6	7				

f) _____

3	0	5	7	9	·	4	5			

3 Überschlage zuerst. Dividiere danach schriftlich.

a) _____

9	3	6	:	6	=		

b) _____

4	7	4	3	:	9	=		

c) _____

5	8	6	3	:	1	3	=	

Anwenden und Vernetzen

4 In einer Gärtnerei sollen 3 648 Kakteen in Kästen zu je acht Stück verpackt werden.
Jeder gefüllte Kasten kostet 13,00 €. Berechne, wie viel Euro beim Verkauf aller Kästen eingenommen werden.

5 1 260 Paprikaschoten sollen in Netze zu je drei Stück verpackt werden. Jeweils 15 Netze kommen in eine Kiste.
Wie viele Kisten werden dafür benötigt?

6 Herr Meier erfüllt sich seinen Traum und kauft sich ein sehr leichtes
Rennrad zum Preis von 873,00 €. Er erbringt eine Anzahlung
von 362,00 € und zahlt den Rest in monatlichen Raten zu 52,00 €.
Wie viele Monate zahlt Herr Meier ab, wenn keine Zinsen
verlangt werden?

7 Ergänze die fehlenden Zahlen.
Rechne, wenn nötig, auf einem zusätzlichen Blatt schriftlich.

a) Die Summe in den Spalten,
in den Zeilen und
in den Diagonalen ist 396.

33		
	132	
	66	

b) Das Produkt in den Spalten,
in den Zeilen und
in den Diagonalen ist 4 096.

128		
	16	64

c) Zusatzaufgabe: Das Produkt
in den Spalten, in den Zeilen und
in den Diagonalen ist 32 768.

	32	

Rechengesetze

▶ **Grundwissen**

Beim Anwenden von Rechengesetzen bleibt das Ergebnis stets gleich. Sie dienen in vielen Fällen als Rechenhilfe.

Beispiele:

- Kommutativgesetz (Vertauschungsgesetz) der Addition: $501 + 188 =$ _____
  Vertauscht man in einer Summe die Summanden, so ändert sich das Ergebnis nicht.

- Kommutativgesetz (Vertauschungsgesetz) der Multiplikation: $11 \cdot 457 =$ _____
  Vertauscht man in einem Produkt die Faktoren, so ändert sich das Ergebnis nicht.

- Assoziativgesetz (Verbindungsgesetz) der Addition: $51 + (9 + 18) =$ _____
  In Summen mit mehreren Summanden kann man in beliebiger Reihenfolge addieren.

- Assoziativgesetz (Verbindungsgesetz) der Multiplikation: $25 \cdot (4 \cdot 188) =$ _____
  In Produkten mit mehreren Faktoren kann man in beliebiger Reihenfolge multiplizieren.

- Distributivgesetz (Verteilungsgesetz): $7 \cdot 32 + 7 \cdot 18 =$ _____
  Man kann eine Zahl mit einer Summe multiplizieren, indem man diese Zahl mit jedem Summanden multipliziert und die Produkte addiert. Dieses Gesetz kann man auch in umgekehrter Richtung anwenden.

▶ **Auftrag:** Ergänze die Beispiele zu den Rechengesetzen.

Trainieren

1 Rechne, wenn möglich, mithilfe der Rechengesetze vorteilhaft.
Hinweis: Versuche alle Aufgaben im Kopf zu lösen. Nutze gegebenenfalls zum Rechnen ein zusätzliches Blatt.

a) $71 + 10\,800 =$ _____ b) $5408 - 88 =$ _____

c) $73 + 259 + 27 =$ _____ d) $1047 - 80 + 33 =$ _____

e) $7580 - 75 - 25 =$ _____ f) $501 + 8000 + 125 =$ _____

g) $25 \cdot 101 =$ _____ h) $1000 : 25 =$ _____

i) $5 \cdot 507 =$ _____ j) $5 \cdot 507 \cdot 2 =$ _____

k) $11 \cdot 4 \cdot 1250 =$ _____ l) $32 \cdot (199 - 188) =$ _____

m) $7 \cdot 32 - 7 \cdot 22 =$ _____ n) $45 \cdot 9 + 25 \cdot 9 =$ _____

o) $4 \cdot 51 + 9 \cdot 4 =$ _____ p) $7 \cdot 32 + 7 \cdot 50 + 7 \cdot 18 =$ _____

2 Schreibe jeweils mindestens eine Aufgabe auf, die mithilfe des Rechengesetzes schneller gelöst werden kann.
Zusatzaufgabe: Kontrolliert die Vorschläge gegenseitig.

Kommutativgesetz der Addition: _____

Kommutativgesetz der Multiplikation: _____

Assoziativgesetz der Addition: _____

Assoziativgesetz der Multiplikation: _____

Distributivgesetz: _____

Anwenden und Vernetzen

3 Emmas Schachmannschaft besteht zurzeit aus 14 Mitgliedern.
Zum Jahresabschluss sind noch 303,96 € in der gemeinsamen
Kasse.
Jedes Kind außer Emma und Ulf erhält vom Trainer zur
Erinnerung ein T-Shirt. Die beiden haben bereits derartige
T-Shirts und erhalten deshalb eine Tasche. Der Rest des Geldes
soll für den bereits geplanten gemeinsamen Ausflug aufgehoben
werden.
Jedes T-Shirt kostet 17,00 € und eine Tasche nur 14,00 €.

Emma rechnet: $30\,396 - 12 \cdot 1700 - 2 \cdot 1400 : 14 = \ldots$
Sie kommt zu dem Ergebnis, dass für jeden noch 138,00 € zur Verfügung stehen und wundert sich darüber.

Ulf rechnet: $30\,396 - (1700 \cdot 12 + 1400 \cdot 2) : 14 = \ldots$
Er kommt zu dem Ergebnis, dass für jeden noch rund 327,43 € zur Verfügung stehen und wundert sich darüber.

a) Andere Mitglieder kamen zu folgenden Ergebnissen.
Ermittle mithilfe des Überschlags, welches Ergebnis richtig sein kann. Kreuze entsprechend an.

☐ Anna: 74 ct   ☐ Mina: 514 ct   ☐ Erik: 7,58 €   ☐ Kaya: 14,71 €

b) Verändere mindestens einen der beiden Rechenansätze so, dass man zum richtigen Ergebnis kommt.
Wie viel steht für jedes Mitglied zur Verfügung?

4 Wahr oder falsch?
Begründe jeweils deine Entscheidung.

a) Vertauscht man in einer Differenz den Minuenden und den Subtrahenden,
so ändert sich das Ergebnis nicht.　　　☐ wahr　　☐ falsch

b) Vertauscht man in einem Quotienten den Dividenden und den Divisor,
so ändert sich das Ergebnis nicht.　　　☐ wahr　　☐ falsch

c) Vertauscht man in Differenzen mit mehreren Subtrahenden
die Reihenfolge der Subtrahenden und lässt den Minuend unverändert,
so ändert sich das Ergebnis nicht.　　　☐ wahr　　☐ falsch

d) Vertauscht man in Quotienten mit mehreren Divisoren
die Reihenfolge der Divisoren und lässt den Dividenden unverändert,
so ändert sich das Ergebnis nicht.　　　☐ wahr　　☐ falsch

Flächeninhaltsvergleiche

▶ **Grundwissen**

Die Größen verschiedener Flächen kann man vergleichen,
indem man sie mit gleichen Flächen unterteilt.
Solche Flächen können z. B. sein:

_____

_____

▶ **Auftrag:** Nenne drei mögliche Objekte zum Unterteilen von Flächen.

Trainieren

1 Umrande Figuren, deren Flächen gleich groß sind, mit der gleichen Farbe.

2 Zeichne rechts ein Rechteck, dessen Fläche genauso groß ist wie die Fläche der gegebenen Figur.

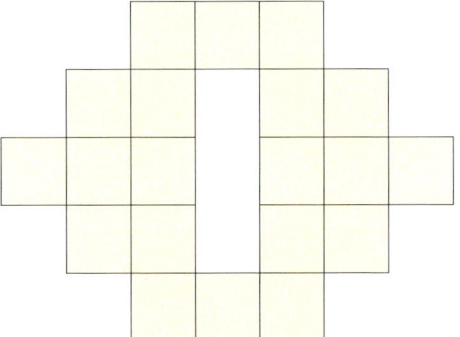

3 Ordne nach der Größe.
   Beginne mit der kleinsten Fläche.

aufgeklappte Tafel

Fußboden der Turnhalle

Schulhof

ein kleines Fenster

Tür

Lehrertisch

Anwenden und Vernetzen

4 Ermittle, wie viele Quadrate an den hellen Stellen noch einzuzeichnen sind. Welche der Stellen ist am größten?

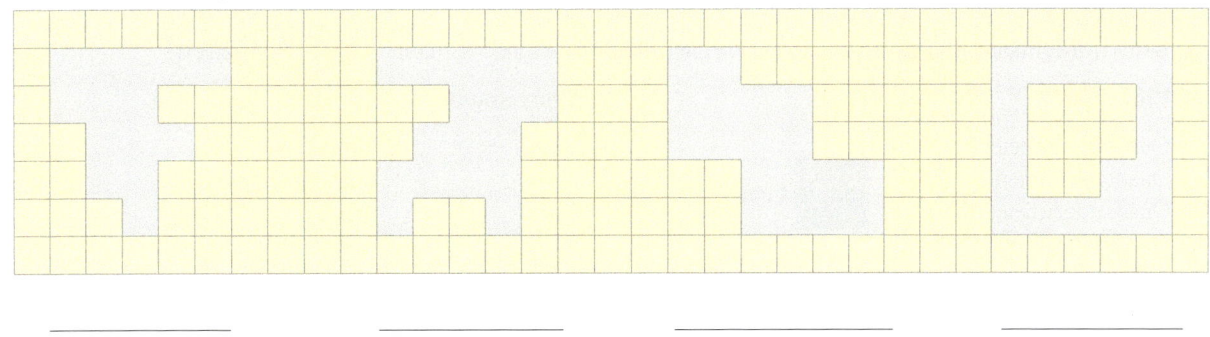

_____   _____   _____   _____

5 Zerlege die Figur zuerst in zwei, danach in drei und zuletzt in vier deckungsgleiche Teilfiguren
(d. h. in Figuren mit gleicher Form und gleicher Größe).

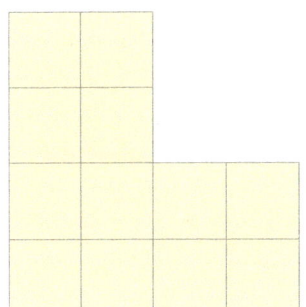   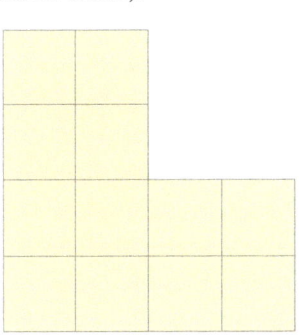   

zwei deckungsgleiche Teilfiguren   drei deckungsgleiche Teilfiguren   vier deckungsgleiche Teilfiguren

6 Die Figuren unten wurden aus den Teilen eines chinesischen Tangrams gelegt.
Ein Tangram ist einfach herzustellen.
Übertrage dazu die rechte Figur auf Karopapier.
Schneide die Teilflächen aus. Lege die Figuren.
Notiere deine Lösung, indem du entsprechende Linien in die abgebildeten
Figuren einzeichnest.

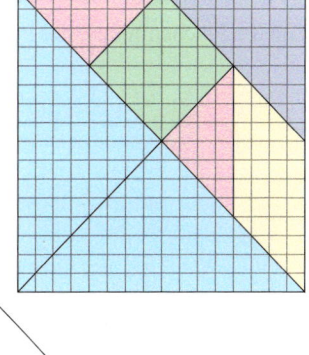

Flächeninhalte von Rechtecken und Einheiten

▶ **Grundwissen**

- Beim Umrechnen der Flächeneinheiten in die nächstkleinere Einheit wird mit _____ multipliziert.

Einheiten

Quadratmillimeter (mm²)
Quadratzentimeter (cm²)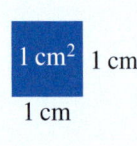
Quadratdezimeter (dm²)
Quadratmeter (m²)
Ar (a)
Hektar (ha)
Quadratkilometer (km²)

Umrechnung

1 cm² = _____ mm²

1 dm² = _____ cm²

1 m² = _____ dm²

1 a = _____ m²

1 ha = _____ a

1 km² = _____ ha

- Der Flächeninhalt eines Rechtecks kann berechnet werden, indem das Produkt aus der Länge a und der Breite b des Rechtecks gebildet wird.

Beispiel:

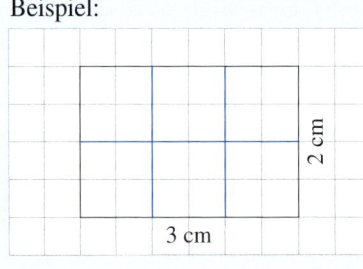

$A = a \cdot b$

$A =$ _____

▶ **Auftrag:** Ergänze die Umrechnungen und die Rechnung.

Trainieren

1 Gib die Flächeninhalte der Figuren in Quadratmillimeter und in Quadratzentimeter an.

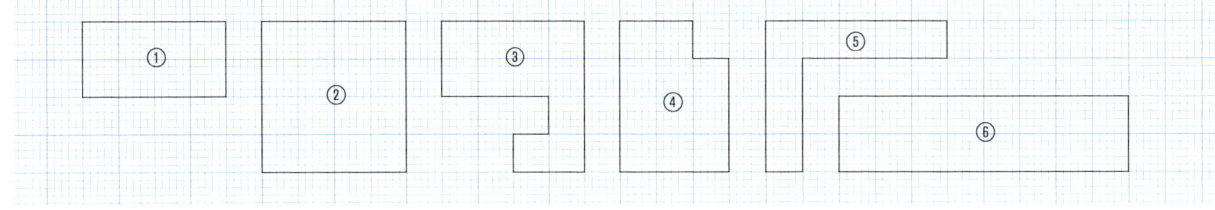

_____

_____

2 Rechne in die nächstkleinere Einheit um.

a) 12 cm² = _____

b) 5 dm² = _____

c) 3 m² = _____

d) 0,4 m² = _____

e) 8,7 ha = _____

f) 0,6 km² = _____

g) 1,8 m² = _____

h) 0,9 a = _____

i) 1,6 cm² = _____

3 Rechne in die nächstgrößere Einheit um.

a) 300 cm² = _____

b) 8 900 mm² = _____

c) 2 800 dm² = _____

d) 880 a = _____

e) 25 dm² = _____

f) 700 cm² = _____

g) 104 dm² = _____

h) 87 ha = _____

i) 0,6 m² = _____

4 Hanna und Marie haben 8 m Drahtzaun und vier Pfosten, daraus wollen sie für ihr Meerschweinchen ein rechteckiges Gehege bauen. Beide haben bereits Lösungsmöglichkeiten gezeichnet.

a) Zeichne zuerst auf, wie du ein entsprechendes möglichst großes Gehege anlegen würdest.
Berechne danach die Größe aller drei Flächen für das Meerschweinchen.
Hinweis: 1 cm soll 1 m entsprechen.

Vorschlag 1:   Vorschlag 2:   Vorschlag 3:

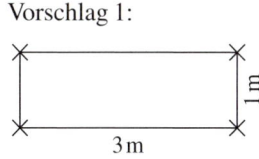   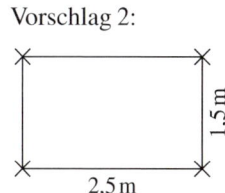

Die Fläche ist _____ m² groß.   Die Fläche ist _____ m² groß.   Die Fläche ist _____ m² groß.

b) Hanna kam auf die Idee, als eine Seite des Geheges die Garagenwand zu nutzen.
Zeichne zuerst auf, wie du ein entsprechendes möglichst großes Gehege anlegen würdest.
Berechne danach die Größe aller drei Flächen für das Meerschweinchen.
Hinweis: 1 cm soll 1 m entsprechen.

Vorschlag 1:   Vorschlag 2:   Vorschlag 3:

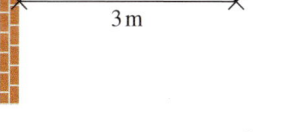   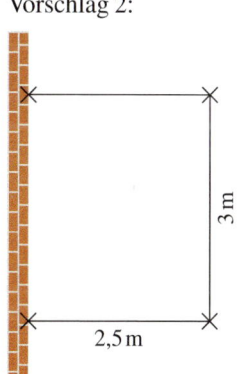   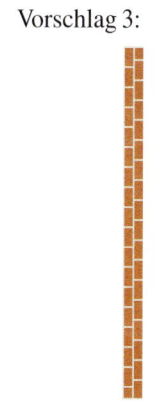

Die Fläche ist _____ m² groß.   Die Fläche ist _____ m² groß.   Die Fläche ist _____ m² groß.

5 Ermittle die Flächeninhalte einer Seite dieses Heftes und einer Doppelseite.
Gib jedes Ergebnisse in zwei Einheiten an.

Flächeninhalt einer Seite:

_____

Flächeninhalt einer Doppelseite:

_____

Umfang

▶ **Grundwissen**

Der Umfang eines Vielecks ist die Summe der Längen aller Seiten des Vielecks.

Beispiele: Rechteck   Vieleck

$u = 2 \cdot a + 2 \cdot b = 2 \cdot (a + b)$ $u = a + b + c + d + e$

$u = \underline{\hspace{3cm}}$ $u = \underline{\hspace{3cm}}$

▶ **Auftrag:** Gib den Umfang u an.

Trainieren

1 Ermittle die Umfänge. Miss dafür die benötigten Seitenlängen.

a)    b)    c)    d)

_____   _____   _____   _____

2 Ordne jeder Figur einen der folgenden gerundeten Umfänge zu.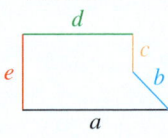

a) 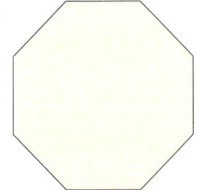   b) 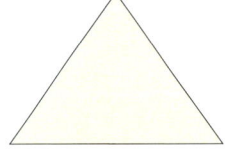   c)    d)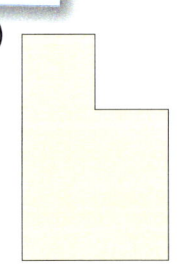

_____   _____   _____   _____

3 Es sind die Seitenlängen a und b von Rechtecken gegeben.

a) Welche der Rechtecke haben den gleichen Umfang?

Rechteck ①: $a = 20$ cm; $b = 8$ cm; $u = \underline{\hspace{2cm}}$ Rechteck ②: $a = 8$ cm; $b = 25$ mm; $u = \underline{\hspace{2cm}}$

Rechteck ③: $a = 4$ cm; $b = 6$ dm; $u = \underline{\hspace{2cm}}$ Rechteck ④: $a = 1{,}5$ cm; $b = 9$ cm; $u = \underline{\hspace{2cm}}$

Rechteck ⑤: $a = 32$ cm; $b = 32$ cm; $u = \underline{\hspace{2cm}}$ Rechteck ⑥: $a = 2{,}5$ cm; $b = 9$ cm; $u = \underline{\hspace{2cm}}$

_____

b) Gib drei Beispiele für Seitenlängen von Rechtecken mit einem Umfang von 16 m an.

_____

Anwenden und Vernetzen

4 Ein 40 m langes rechteckiges Grundstück soll mit einem
Holzzaun eingezäunt werden. Die Handwerker benötigen insgesamt
117 m Holzzaun, wobei die drei Meter lange Einfahrt frei bleibt.
Wie breit ist das Grundstück?

_____

_____

_____

5 Seitenumfang des Arbeitsheftes

a) Ermittle den Umfang einer Seite dieses Arbeitsheftes. Runde sinnvoll.

_____

b) Ermittle den Umfang einer Doppelseite dieses Arbeitsheftes?
Gib diesen in mehreren Einheiten an.

_____

c) Nina sagt: „Das ganze Arbeitsheft hat einen Umfang von rund 60 Seiten."
Was meint sie damit?

_____

_____

6 Eine Gruppe rennt beim 2 000-m-Lauf jeweils auf dem Weg um das
abgebildete rechteckige Schulgelände.
Wie viele Runden sind zu laufen?
Zusatzaufgabe: Schätze, wie lange die Gruppe läuft.

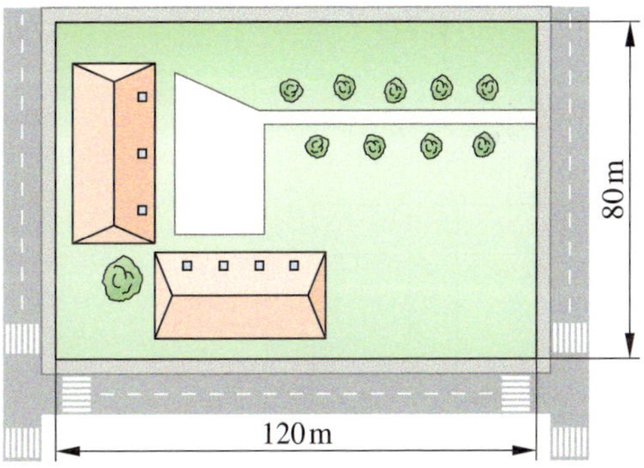

_____

_____

_____

80 m / 120 m

7 Ein rechteckiges Grundstück ist 800 m² groß. Die Straßenfront ist 25 m lang.

a) Wie weit reicht das Grundstück nach hinten?

_____

_____

b) Im Abstand von 1 m zu allen Grundstücksgrenzen soll eine Lebensbaum-Hecke gepflanzt werden.
Somit ist alle 50 cm ein Lebensbaum zu setzen. Am Tor an der Straßenfront werden 5 m ohne Hecke sein.
Reichen 200 Lebensbäume dafür aus?

_____

_____

Körpernetze

Das flach ausgebreitete zusammenhängende Gebilde der Begrenzungsflächen eines Körpers bezeichnet man als Netz des Körpers.

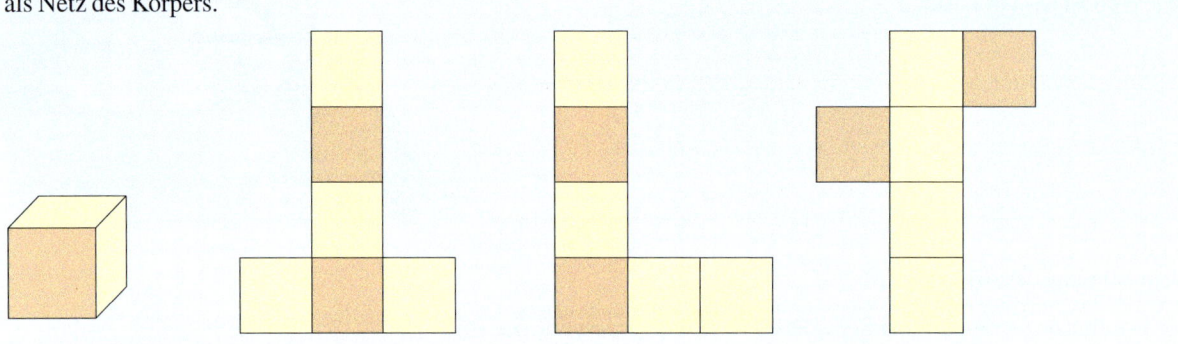

▶ **Auftrag:** Streiche die Figur durch, die kein Körpernetz des links abgebildeten Würfels sein kann.

1 Körpernetze von Quadern

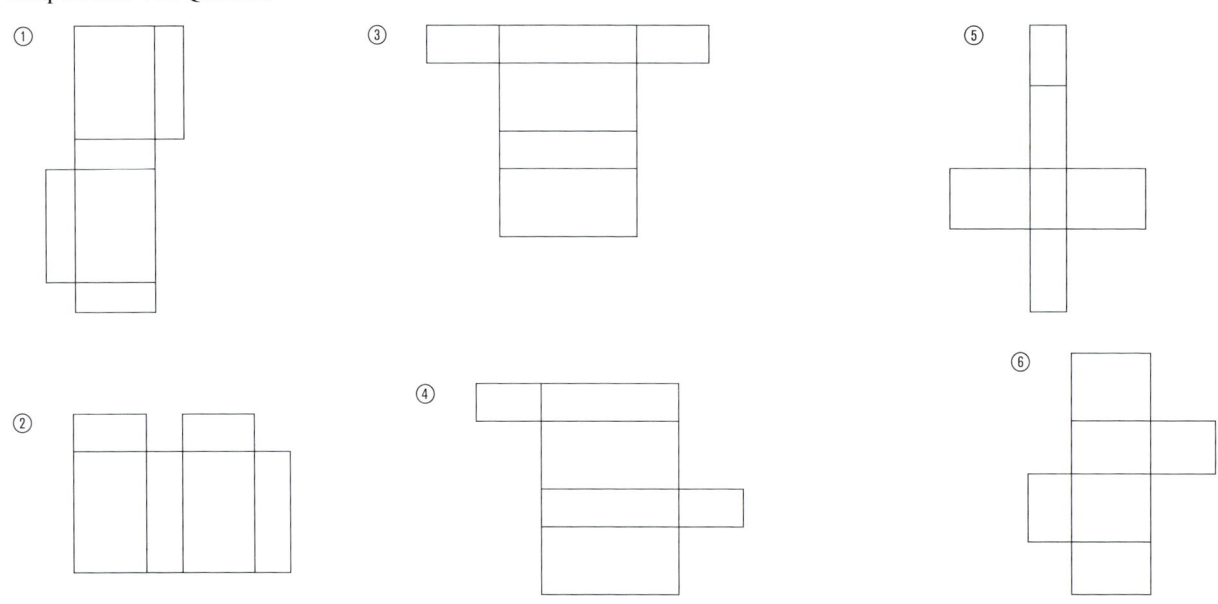

a) Welche der Figuren von 1 bis 6 sind keine Quadernetze? _____

b) Färbe bei den Quadernetzen die Seitenflächen gleichfarbig, die am Quader einander gegenüberliegen.

2 Welche Körper gehören zu den Körpernetzen? Ordne zu.

Pyramide   Quader   Würfel

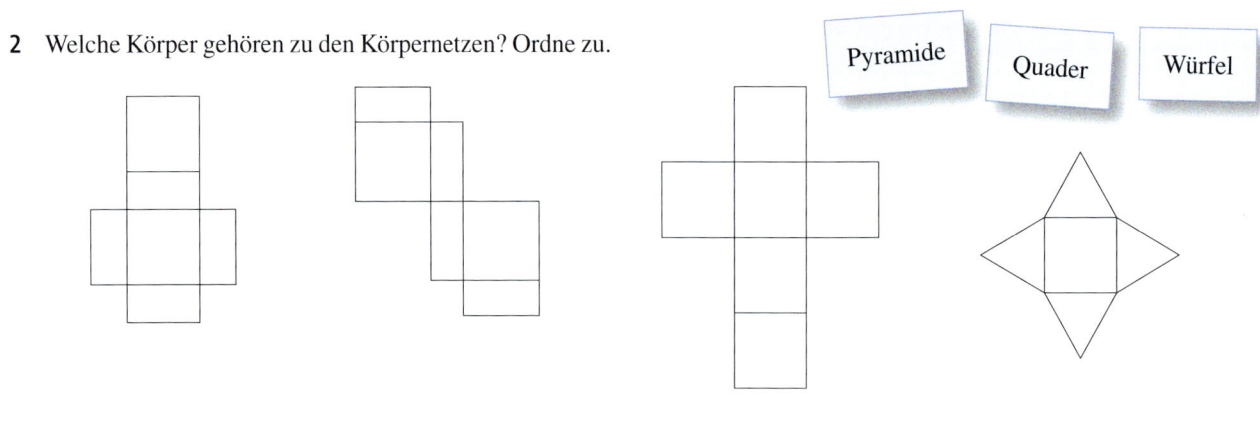

_____   _____   _____   _____

Anwenden und Vernetzen

3 Bei Spielwürfeln ist die Summe von zwei gegenüberliegenden Zahlen stets 7.

a) Welche Zahlen liegen einander gegenüber?

Gegenüber der 6 liegt die _____   Gegenüber der 5 liegt die _____

Gegenüber der 4 liegt die _____   Gegenüber der 3 liegt die _____

Gegenüber der 2 liegt die _____   Gegenüber der 1 liegt die _____

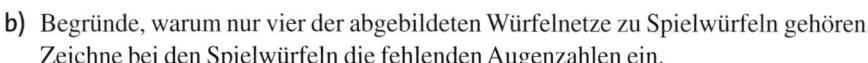

b) Begründe, warum nur vier der abgebildeten Würfelnetze zu Spielwürfeln gehören.
Zeichne bei den Spielwürfeln die fehlenden Augenzahlen ein.

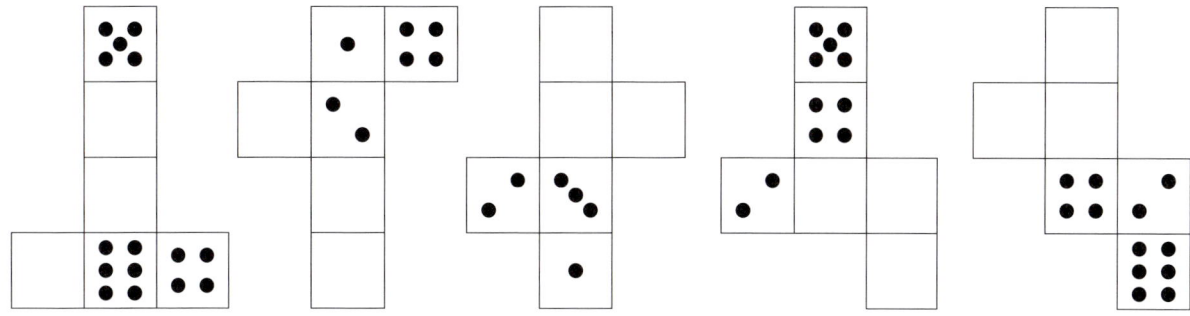

c) Können die Netze zum abgebildeten Würfel gehören? Kreuze an.

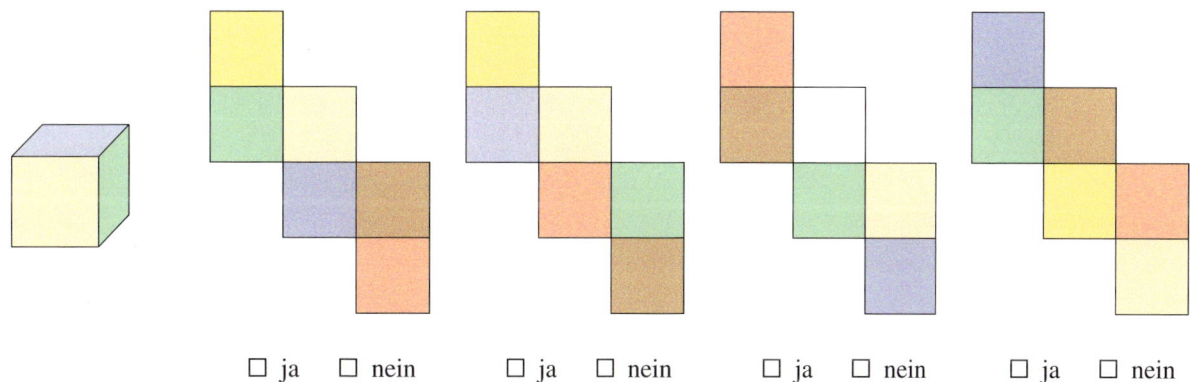

☐ ja ☐ nein   ☐ ja ☐ nein   ☐ ja ☐ nein   ☐ ja ☐ nein

4 In der Abbildung sind Quadernetze versteckt.
Zeichne jedes in einer anderen Farbe nach.
Hinweis: Insgesamt sind es sieben Körpernetze.

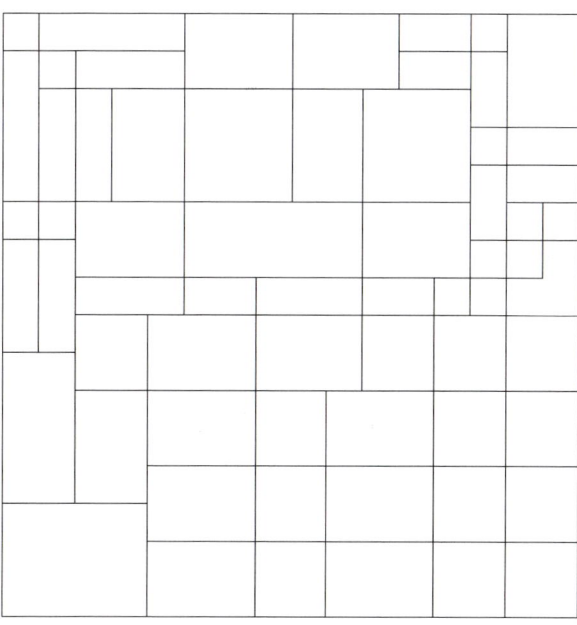

Schrägbilder

▶ **Grundwissen**

1. Vorderfläche zeichnen.

2. Zeichne nach hinten verlaufende Kanten auf den Kästchendiagonalen. (1 Kästchendiagonale ≙ 1 cm)

3. Hintere Eckpunkte miteinander verbinden und verdeckte Kanten stricheln.

▶ **Auftrag:** Zeichne jeweils das zugehörige Stadium vom Schrägbild eines Quaders mit 1,5 cm Kantenlänge an der Vorderfläche und 1 cm Tiefe.

Trainieren

1 Die folgenden Schrägbilder gehören zu Quadern.

a) Verbinde Schrägbilder des gleichen Quaders mit der gleichen Farbe.

b) Wie lang sind die Kanten der Quader in Wirklichkeit?

2 Vervollständige die angefangenen Schrägbilder von Quadern.

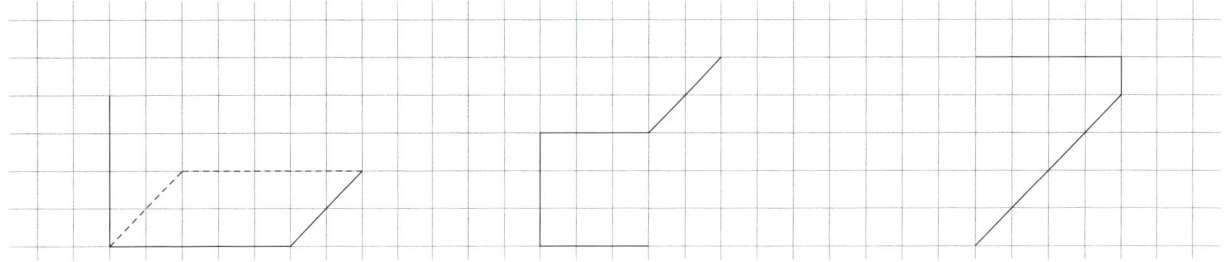

Anwenden und Vernetzen

3 Ein Platz auf der Siegertreppe ist für viele Sportler das Größte. Oft werden die Siegertreppen aus mehreren Körpern gebaut. Hier ist die Treppe aus Würfeln mit 4 dm Kantenlänge zusammengesetzt worden. Es ist ein Modell eines Bastlers. Zeichne das Schrägbild dieser Siegertreppe. Beachte nur die Außenkanten der Treppe.

Hinweis: 1 cm soll 2 dm entsprechen.

4 Übertrage jeweils die im Würfelnetz eingezeichneten „Wege" ins Schrägbild des Würfels.

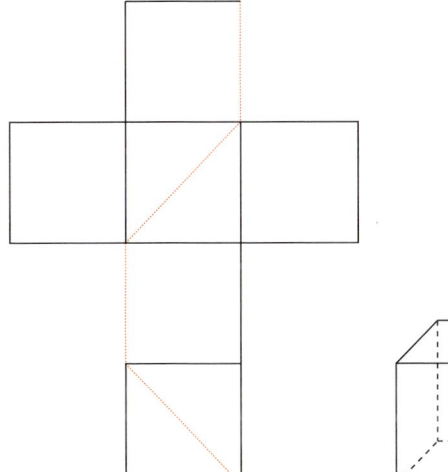 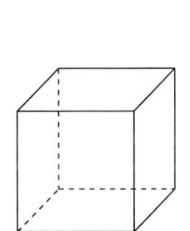 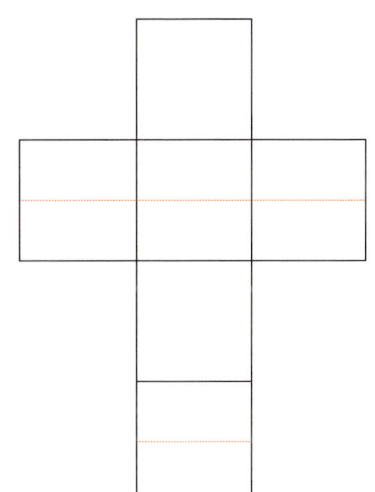 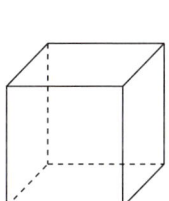

5 Ein Quader wurde zerschnitten. Übertrage die Schnittlinie in das Netz des Quaders.

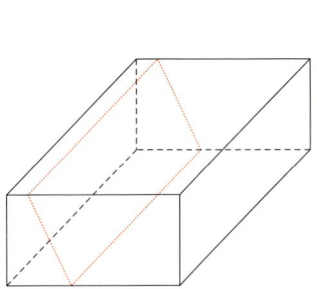 

Oberflächeninhalte

> ▶ **Grundwissen**

Der Oberflächeninhalt eines Körpers ist die Summe der Flächeninhalte seiner Begrenzungsflächen.

Beispiel:

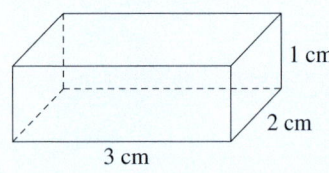

1 cm

2 cm

3 cm

$O =$ _____

▶ **Auftrag:** Ermittle mithilfe des Körpernetzes den Oberflächeninhalt des Quaders.

Trainieren

1 Ermittle den Oberflächeninhalt.

a) Würfel mit 3 cm langen Kanten

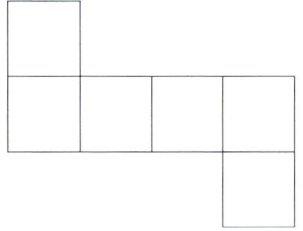

_____

_____

b) Quader mit 2 cm, 4 cm und 6 cm langen Kanten

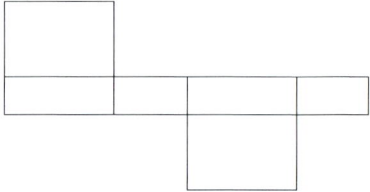

_____

_____

2 Berechne den Oberflächeninhalt.

a) Würfel: $a = 5$ cm

_____

b) Quader: $a = 10$ mm; $b = 2,5$ cm; $c = 4$ cm

_____

3 Die abgebildeten Körper bestehen aus Würfeln mit 1 cm Kantenlänge. Nur gleiche Schichten durften hinten angefügt werden. Ermittle die Oberflächeninhalte der Körper.

a)

b)

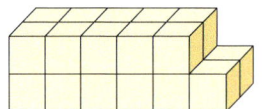

c)

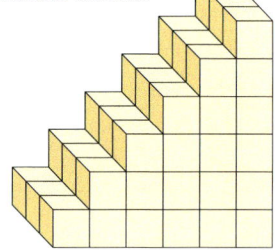

_____   _____   _____

Anwenden und Vernetzen

4 Zwei Holzstützen für einen neuen Balkon sind 3 m lang. Sie haben die rechts abgebildete Grundfläche. Vor dem Einbau soll ihre Oberfläche mit Rostschutzmittel gestrichen werden. Die im Fachhandel angebotenen unterschiedlich großen Dosen reichen für 1,5 m² bzw. für 2 m².
Wie viele Dosen jeder Sorte sollten gekauft werden?

5 Die Inhaberin vom Eiscafé Seeblick möchte neue Sitzauflagen für 25 Stühle herstellen lassen.
Sie sollen die Form eines Quaders haben. Ihr liegen zwei Kissenmuster aus dem gleichen Stoff vor.
Das Muster A ist 38 cm lang, 42 cm breit und 40 mm hoch.
Das Muster B ist 42 cm lang, 42 cm breit und 40 mm hoch.
Der Stoff wurde von einer 1,50 m breiten Rolle abgeschnitten.
Ein Meter Stoff von dieser Rolle kostet 12,30 €.

Wegen der notwendigen Nähte an jeder Kante wurde jede Seitenfläche der Sitzauflage 5 cm länger und 5 cm breiter zugeschnitten, als sie bei der fertigen Sitzauflage ist.
Reichen 170,00 € zum Kauf des benötigten Stoffes?

	Kissen vom Muster A	Kissen vom Muster B
Maße für den Zuschnitt		
Stoff für ein Kissen		
Stoff für 25 Kissen		
Preis für 25 Kissen		

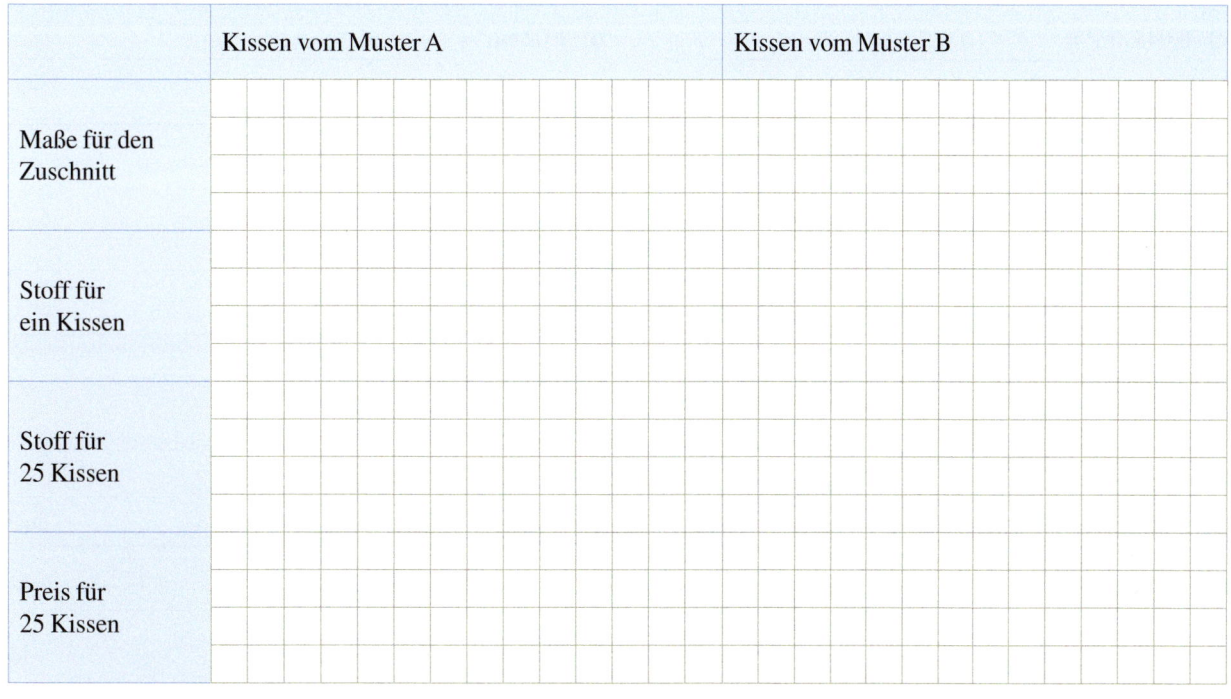

Volumeneinheiten

▶ **Grundwissen**

- Beim Umrechnen dieser Volumeneinheiten in die nächstkleinere Einheit wird mit 1 000 multipliziert.

Einheiten	Umrechnung				
Kubikmeter (m^3)	$1\,m^3$	$= 1000\,dm^3$	$=$ _____ $cm^3 =$	_____ mm^3	
Kubikdezimeter (dm^3)	$1\,dm^3$	$= 1000\,cm^3$	$=$ _____ mm^3		
Kubikzentimeter (cm^3)	$1\,cm^3$	$= 1000\,mm^3$			
Kubikmillimeter (mm^3)					

- Das Volumen von Flüssigkeiten wird oft in Liter, Milliliter und Hektoliter angegeben.

Beispiel: Die Verpackung ist etwa $1\,dm^3$ groß und fasst etwa $1\,l$ Flüssigkeit.

Einheiten	Umrechnung		
Liter (l)	$1\,l$	$= 1\,dm^3$	
Milliliter (ml)	$1\,ml$	$= 0{,}001\,l$	$= 1\,dm^3$
Hektoliter (hl)	$1\,hl$	$= 100\,l$	$= 10\,000\,ml$

▶ **Auftrag:** Ergänze die Umrechnungen.

Trainieren

1 Wandle in die nächstkleinere Einheit um.

a) $14\,m^3 =$ _____

b) $0{,}08\,cm^3 =$ _____

c) $0{,}045\,dm^3 =$ _____

d) $1{,}02\,cm^3 =$ _____

e) $200\,m^3 =$ _____

f) $0{,}0003\,dm^3 =$ _____

2 Wandle in die nächstgrößere Einheit um.

a) $9\,000\,mm^3 =$ _____

b) $3\,700\,dm^3 =$ _____

c) $438\,cm^3 =$ _____

d) $2\,010\,dm^3 =$ _____

e) $1\,600\,l =$ _____

f) $0{,}2\,mm^3 =$ _____

3 Wandle in die gegebene Einheit um.

a) $0{,}04\,m^3 =$ _____ cm^3

b) $0{,}12\,m^3 =$ _____ cm^3

c) $0{,}05\,l =$ _____ ml

d) $0{,}25\,l =$ _____ cm^3

e) $123\,000\,cm^3 =$ _____ l

f) $750\,l =$ _____ hl

4 Ergänze die Volumeneinheit.

a) Flasche Limonade: 0,5 _____

b) Dose Suppe: 400 _____

c) Tube Zahnpasta: 75 _____

d) Tanklaster: 20 _____

Anwenden und Vernetzen

5 Für ihren Umzug von Fulda nach Koblenz hat
Familie Rohde 150 Kartons mit einem Volumen von
108 000 cm³, 20 Kartons mit 12 l und 25 Kartons mit
80 dm³ gepackt. Der alte Herd und eine Liege soll auch
bei den Kisten im Umzugswagen stehen.
Reicht der vorhandene Platz von rund 35 m³ auf dem
Umzugswagen?
Hinweis: Rechne mit Kubikdezimetern.

6 Vor einem Geschäft stehen die abgebildeten Kisten mit
1-l-Flaschen. Stell dir vor, jeder aus eurer Klasse trinkt
davon täglich einen halben Liter Wasser.

   a) Wie lange reicht das Wasser?

   b) Nach wie vielen Tagen ist nur noch rund ein Viertel
des Wassers vorhanden?

7 Die Körper wurden aus gleich großen Holzwürfeln mit 1 cm langen Kanten gelegt.
Welches Volumen hat der größtmögliche Würfel, der aus allen kleinen Würfeln der fünf Körper gebaut werden kann?

 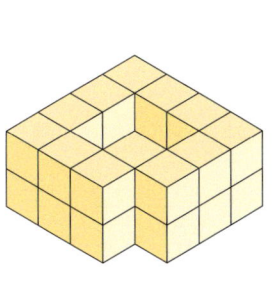  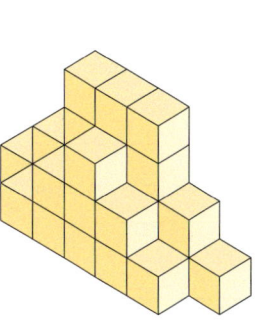 

Volumen eines Quaders

▶ **Grundwissen**

Das Volumen eines Quaders ist gleich dem Produkt aus der Länge, der Höhe und der Breite des Körpers.

Beispiele:

Quader mit $a = 13\,\text{mm}$, $b = 30\,\text{mm}$, $c = 9\,\text{mm}$

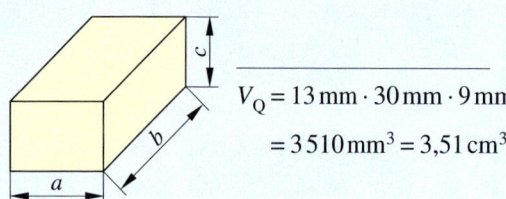

$$V_Q = 13\,\text{mm} \cdot 30\,\text{mm} \cdot 9\,\text{mm}$$
$$= 3\,510\,\text{mm}^3 = 3{,}51\,\text{cm}^3$$

Würfel mit $a = 13\,\text{mm}$

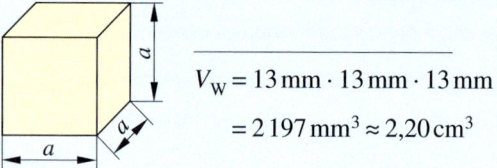

$$V_W = 13\,\text{mm} \cdot 13\,\text{mm} \cdot 13\,\text{mm}$$
$$= 2\,197\,\text{mm}^3 \approx 2{,}20\,\text{cm}^3$$

▶ **Auftrag:** Ergänze die Formeln.

Trainieren

1 Berechne die Volumen beider Körper.

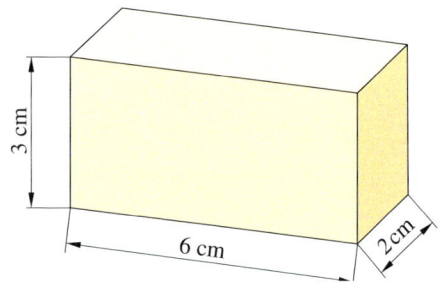

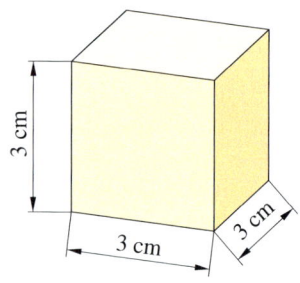

_____

_____

2 Ergänze die Tabellen für Quader.

a)

Länge	Breite	Höhe	Volumen
10 cm	30 cm	6 cm	
8 dm	3 dm	5 dm	
4 m	5 m	3 m	
20 cm	25 cm	12 cm	
1 cm	8 mm	70 mm	

b)

Länge	Breite	Höhe	Volumen
20 m		4 m	480 m³
90 mm	8 cm		144 cm³
	7 cm	1 dm	280 cm³
1,5 m		3 dm	180 dm³
	2 cm	6 cm	1,2 dm³

3 Gib das Volumen der Körper an. Rechne, wenn nötig, auf einem zusätzlichen Blatt.

a)

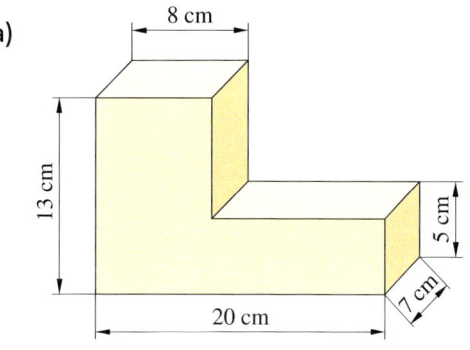

b)

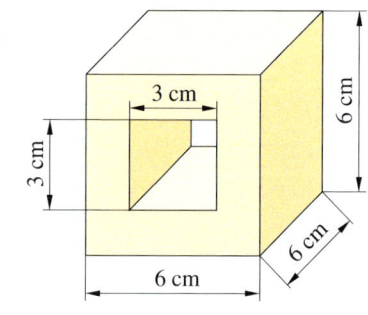

_____

_____

Anwenden und Vernetzen

4 Ben möchte ein gebrauchtes Aquarium kaufen, das etwa
500 l fasst. Zwei der Angebote kommen in die engere Wahl.
Aquarium A: 1 m lang; 50 cm breit; 8 dm hoch
Aquarium B: 90 cm lang; 8 dm breit; 0,7 m hoch

a) Welches Aquarium sollte er sich kaufen?

_____

_____

_____

b) In einer Zeitschrift las er, dass anhand der Länge der Fische überschlagen werden kann, wie viel Wasser sie
benötigen. Je Zentimeter Fisch sollten es etwa 2 Liter Wasser sein.
Er will sich dicklippige Fadenfische kaufen, die etwa 9 cm groß werden.
Wie viele Fische kann er in sein Aquarium setzen?

_____

_____

5 Ein quaderförmiger Goldbarren ist 8 cm lang, 5 cm breit und 2 cm hoch.

a) Wie viele Goldbarren passen in eine würfelförmige Kiste mit 40 cm Kantenlänge?

_____

_____

_____

_____

b) 1 cm^3 Gold wiegt 19,3 g.
Kannst du die Kiste tragen?

_____

c) Wie teuer ist der Inhalt einer Kiste, wenn 1 g Gold
etwa 51 € kostet?

_____

_____

d) In der USA lagern in Fort Knox etwa 4 580 t Gold.
Wie wertvoll ist dieses Gold?

_____

_____

_____

Anteile

▶ **Grundwissen**

Anteile vom Ganzen werden durch Brüche bezeichnet.

Beispiel:

_____ gibt an, wie viele gleich große Teile vom Ganzen zu nehmen sind.

_____ gibt an, in wie viele gleich große Teile ein Ganzes zerlegt wurde.

➤ $\dfrac{4}{5}$

▶ **Auftrag:** Ergänze die Fachbegriffe.

Trainieren

1 Gib jeweils den Anteil der farbigen Fläche an der ganzen Figur mit einem Bruch an.

a)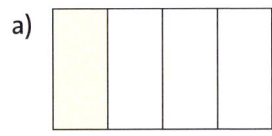

b)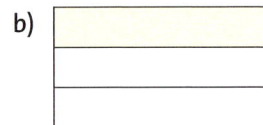

c)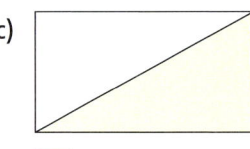

d)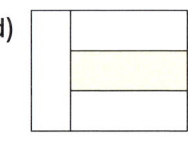

$\dfrac{\square}{\square}$

e)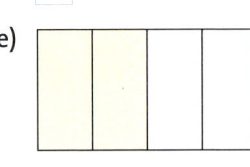

f)

g)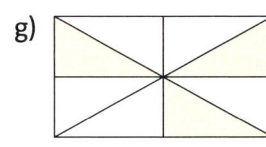

h)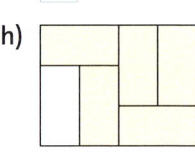

$\dfrac{\square}{\square}$

i)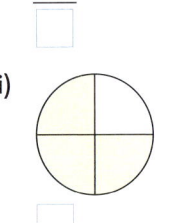

j)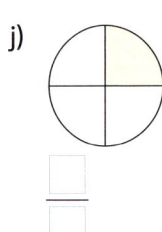

k)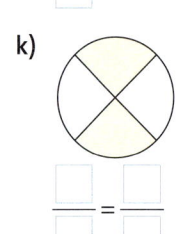

l)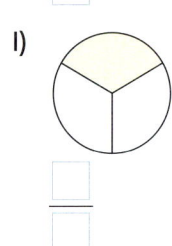

$\dfrac{\square}{\square}$ $\dfrac{\square}{\square}=\dfrac{\square}{\square}$

2 Färbe passende Anteile ein. Unterteile, wenn nötig, die Figur.

a)

$\dfrac{1}{2}$

b)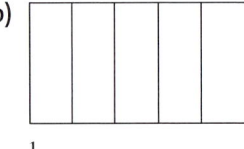

$\dfrac{1}{5}$

c)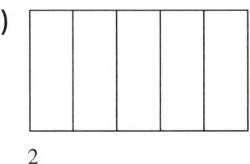

$\dfrac{2}{5}$

d)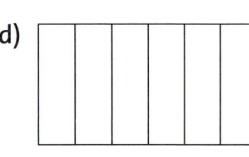

$\dfrac{3}{6}=\dfrac{1}{2}$

e)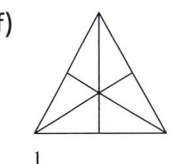

$\dfrac{1}{6}$

f)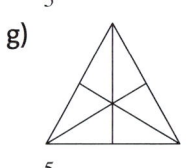

$\dfrac{1}{2}$

g)

$\dfrac{5}{6}$

h)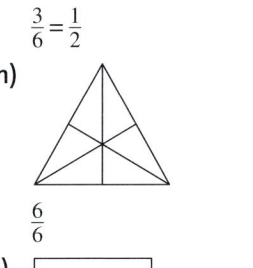

$\dfrac{6}{6}$

i)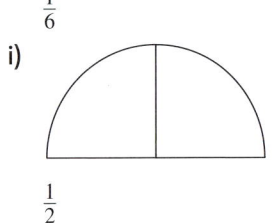

$\dfrac{1}{2}$

j)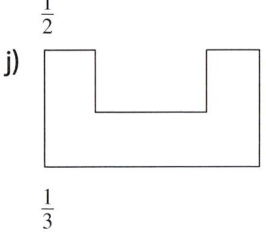

$\dfrac{1}{3}$

k)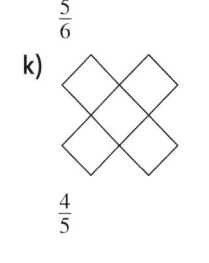

$\dfrac{4}{5}$

l)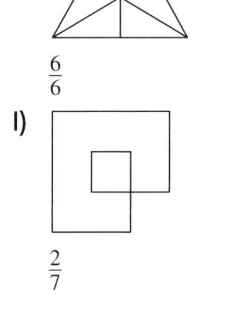

$\dfrac{2}{7}$

3 Jeweils ein Teil einer Fläche wurde dargestellt.
Wie könnte die ganze Fläche aussehen? Zeichne jeweils eine Möglichkeit.

a)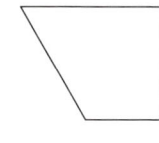

$\frac{1}{2}$

b)

$\frac{1}{3}$

c)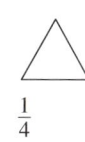

$\frac{1}{4}$

e)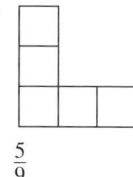

$\frac{5}{9}$

4 Anteile einer Fläche

a) Ermittle die Anteile beider Farben.

$\square \dfrac{}{}$ $\square \dfrac{}{}$

b) Gib die Größen der Flächen in Quadratmillimetern und Quadratzentimetern an.

$\square$ _____

$\square$ _____

5 Schreibe folgende Angaben ohne Brüche.
Zusatzaufgabe: Finde, wenn möglich, mehrere Möglichkeiten.

a) $\frac{1}{2}$ m = _____

b) $\frac{1}{2}$ km = _____

c) $\frac{1}{2}$ kg = _____

d) $\frac{1}{4}$ kg = _____

e) $\frac{1}{2}$ d = _____

f) $\frac{3}{4}$ = _____

6 Vergleiche.

a) $\frac{1}{2}$ d $\square$ $\frac{1}{2}$ h

b) $\frac{1}{2}$ kg $\square$ $\frac{1}{2}$ g

c) $\frac{1}{2}$ cm $\square$ $\frac{1}{2}$ m

d) $\frac{1}{2}$ € $\square$ 1 Cent

e) $\frac{1}{4}$ min $\square$ $\frac{3}{4}$ min

f) $\frac{1}{5}$ kg $\square$ $\frac{1}{4}$ kg

g) $\frac{1}{3}$ dm $\square$ $\frac{3}{5}$ dm

h) $\frac{1}{4}$ € $\square$ 25 Cent

7 Verkostung von Pizzas

a) Jede der Pizzen wird zuerst in vier gleich große
Stücke geteilt. Danach wird jedes Viertel gedrittelt.
Welchen Anteil von einer ganzen Pizza
hat ein kleines Stück? $\dfrac{}{}$

b) Jonas möchte von jeder der Pizzen eines der kleinen
Stücke essen.
Kreuze alle dazu passenden Anteile einer Pizza an.

$\square$ $\frac{1}{9}$ $\square$ $\frac{9}{9}$ $\square$ $\frac{3}{4}$ $\square$ $\frac{9}{12}$

c) Eine Klasse mit 27 Schülern gewinnt die 9 Pizzen.
Wie groß ist der Anteil einer Pizza
für jeden der Klasse? $\dfrac{}{}$

Erweitern und Kürzen

▶ **Grundwissen**

- Beim Erweitern werden Zähler und Nenner mit derselben natürlichen Zahl (außer 0 oder 1) multipliziert. Der Wert des Bruches bleibt dabei gleich.

Beispiel: $\frac{1}{4} = \frac{1 \cdot 3}{4 \cdot 3} = \frac{3}{12}$

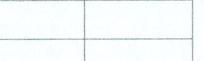 $\frac{1}{4}$

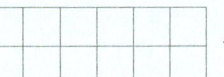 $\frac{3}{12}$

- Beim Kürzen werden Zähler und Nenner durch dieselbe natürliche Zahl (außer 0 oder 1) dividiert. Der Wert des Bruches bleibt dabei gleich.

Beispiel: $\frac{9}{15} = \frac{9 : 3}{15 : 3} = \frac{3}{5}$

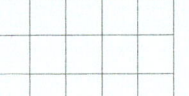 $\frac{9}{15}$

 $\frac{3}{5}$

▶ **Auftrag:** Veranschauliche die Anteile.

Trainieren

1 Gib jeweils den Anteil der farbigen Fläche an der ganzen Figur mit einem weiteren Bruch an.

a)

$\frac{3}{4} = \frac{\square}{8}$

b)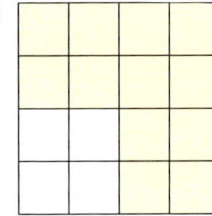

$\frac{3}{4} = \frac{\square}{16}$

c)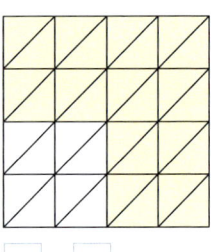

$\frac{3}{4} = \frac{\square}{32}$

d)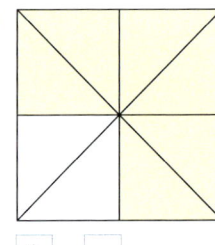

$\frac{3}{4} = \frac{\square}{8}$

2 Gib jeweils den Anteil der farbigen Fläche an der ganzen Figur mit zwei Brüchen an.
Zusatzaufgabe: Finde jeweils weitere gleichwertige Brüche.

a)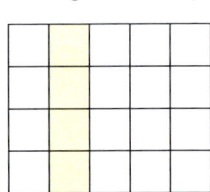

$\frac{\square}{\square} = \frac{\square}{\square}$

b)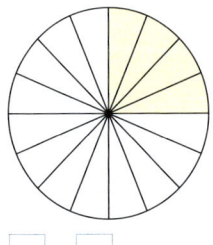

$\frac{\square}{\square} = \frac{\square}{\square}$

c)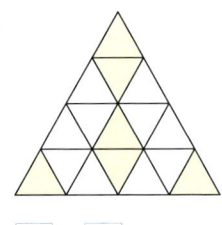

$\frac{\square}{\square} = \frac{\square}{\square}$

d)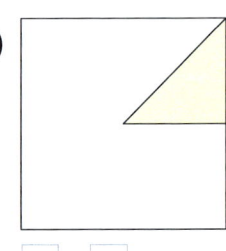

$\frac{\square}{\square} = \frac{\square}{\square}$

3 Erweitere jeweils mit der Zahl im Stern.

a) $\frac{2}{5} = \underline{\hspace{2cm}}$ ☆2

b) $\frac{3}{4} = \underline{\hspace{2cm}}$ ☆3

c) $\frac{2}{7} = \underline{\hspace{2cm}}$ ☆4

d) $\frac{3}{7} = \underline{\hspace{2cm}}$ ☆5

e) $\frac{8}{9} = \underline{\hspace{2cm}}$ ☆2

f) $\frac{9}{10} = \underline{\hspace{2cm}}$ ☆6

g) $\frac{2}{3} = \underline{\hspace{2cm}}$ ☆8

h) $\frac{1}{10} = \underline{\hspace{2cm}}$ ☆13

4 Kürze jeweils mit der Zahl im Stern.

a) $\frac{20}{50} = \underline{\hspace{2cm}}$ ☆10

b) $\frac{4}{20} = \underline{\hspace{2cm}}$ ☆4

c) $\frac{12}{15} = \underline{\hspace{2cm}}$ ☆3

d) $\frac{12}{60} = \underline{\hspace{2cm}}$ ☆6

e) $\frac{42}{49} = \underline{\hspace{2cm}}$ ☆7

f) $\frac{45}{81} = \underline{\hspace{2cm}}$ ☆9

g) $\frac{32}{40} = \underline{\hspace{2cm}}$ ☆8

h) $\frac{24}{60} = \underline{\hspace{2cm}}$ ☆12

5 Schach

a) Welchen Anteil der Felder eines Schachbrettes nehmen die schwarzen Bauern ein?
Hinweis: Alle Figuren in der vorderen Reihe sind Bauern.

b) In jeder der drei Zeichnungen sind Beispiele für erlaubte, beliebig weite Züge einer Spielfigur über unbesetzte Felder angegeben.
Je nach Position können sie im nächsten Zug unterschiedliche Felder erreichen.
Ermittle zuerst für jede Spielfigur die Position, von der aus sie möglichst viele Felder erreichen kann.
Gib danach den Anteil der Felder an.

Turm
(entweder waagerecht oder senkrecht)

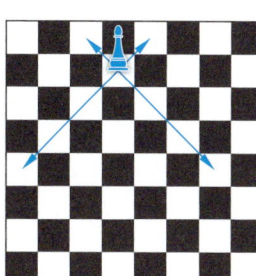

Läufer
(nur diagonal)

Dame
(entweder waagerecht oder senkrecht oder diagonal)

6 Ergänze jeweils den fehlenden Zähler oder Nenner.

a) $\frac{2}{5} = \frac{\square}{15} = \frac{\square}{150}$

b) $\frac{3}{7} = \frac{12}{\square} = \frac{120}{\square}$

c) $\frac{9}{\square} = \frac{45}{50} = \frac{90}{\square}$

d) $\frac{\square}{20} = \frac{15}{100} = \frac{30}{\square}$

e) $\frac{\square}{9} = \frac{\square}{27} = \frac{30}{270}$

f) $\frac{7}{\square} = \frac{35}{\square} = \frac{70}{110}$

g) $\frac{11}{\square} = \frac{\square}{24} = \frac{\square}{36}$

h) $\frac{\square}{9} = \frac{36}{\square} = \frac{72}{162}$

7 Gib den Anteil jeder Farbe an. Kürze so weit wie möglich.

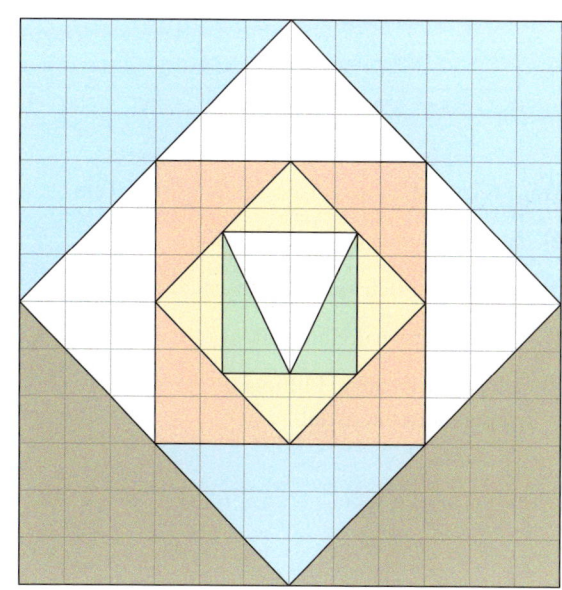

Kapitel **Zahlen und Daten**

1 Anna hat die jeweils gewürfelte Augenzahl aufgeschrieben.

1; 5; 4; 6; 5; 3; 2; 2; 1; 4; 6; 3; 3; 6;
4; 2; 5; 5; 3; 2; 4; 5; 1; 6; 6; 3; 5; 6

Veranschauliche die Daten in einer Strichliste und in einem Säulendiagramm.

gewürfelte Augenzahl	Anzahl

2 In dieser Aufgabe geht es um die längsten Flüsse der Welt.

a) Lies die Längen der ersten vier Flüsse aus dem Diagramm ab.
b) Runde die Längen der folgenden Flüsse sinnvoll. Notiere die Ergebnisse rechts neben dem Diagramm.
   Jangtsekiang: 5 534 km, Amur: 4 327 km, Wolga: 3 742 km
c) Veranschauliche die Längen der Flüsse aus Aufgabenteil **b** im Diagramm.

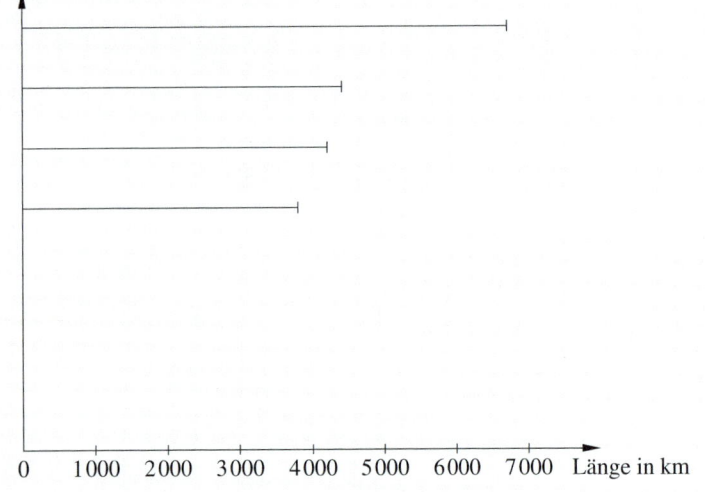

Nil: _____

Kongo: _____

Niger: _____

Mississippi: _____

Jangtsekiang: _____

Amur: _____

Wolga: _____

0   1000   2000   3000   4000   5000   6000   7000   Länge in km

3 Trage folgende Zahlen in die Stellenwerttafel ein.

a) zwölf Billionen dreißigtausendfünf

b) neun Milliarden sechzehntausenddreizehn

c) vier Milliarden dreihundert

d) achtundzwanzig Millionen vierhunderteintausend

Billionen			Milliarden			Millionen			Tausender					
H	Z	E	H	Z	E	H	Z	E	H	Z	E	H	Z	E

4 Ordne nach der Größe.   2587; 0; 18; 187; 2578; 10^2; 125; 10^3

☐ < ☐ < ☐ < ☐ < ☐ < ☐ < ☐ < ☐

Kapitel **Größen messen**

1 Rechne jeweils in die gegebene Einheit um.

a) 7 km = _____ m

b) 85 cm 5 mm = _____ mm

c) 780 dm = _____ m

d) 7 800 g = ___ kg _____ g

e) 95 t = _____ kg

f) 7 500 mg = _____ g

g) 9 999 ct = _____ €

h) 23 € 25 ct = _____ ct

i) 1,95 € = _____ ct

j) 7 d = _____ h

k) 1 h 30 min = _____ min

l) 180 s = _____ min

2 Auf der Kirmes kann man 1 min 45 s für 5 € Achterbahn fahren, 2 min Autoscooter für 3 € und 90 s Karussell für 2,50 €.

a) Welche der Fahrten dauert am längsten? _____

b) Wie viel Euro kostet es insgesamt, wenn man jeweils eine Fahrt macht? _____

3 Ergänze jeweils eine Einheit, sodass die Aussage wahr sein kann.

a) Eine Arbeitsheftseite ist ca. 200 _____ breit und 3 _____ hoch.

b) Ein Päckchen Saft wiegt ca. 0,2 _____

c) Ein Atemzug dauert ca. 2 _____

4 Lies die Jahreszahlen folgender Ereignisse so genau wie möglich ab.

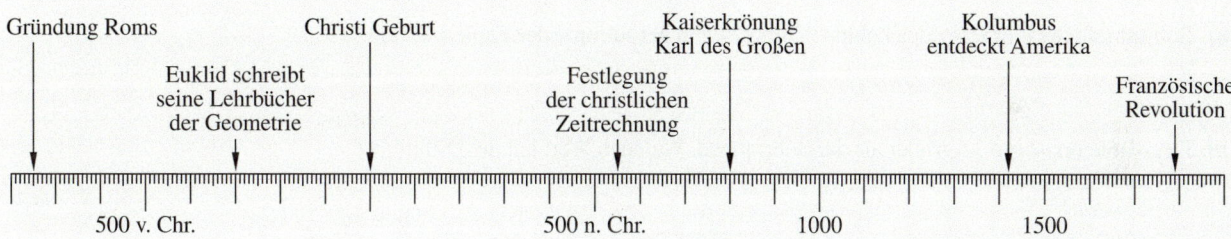

Gründung Roms | Christi Geburt | Kaiserkrönung Karl des Großen | Kolumbus entdeckt Amerika

Euklid schreibt seine Lehrbücher der Geometrie | Festlegung der christlichen Zeitrechnung | Französische Revolution

500 v. Chr. | 500 n. Chr. | 1000 | 1500

Kolumbus entdeckt Amerika: _____

Gründung Roms: _____

Festlegung der christlichen Zeitrechnung: _____

Französische Revolution: _____

Kaiserkrönung Karls des Großen: _____

Euklid schrieb Lehrbücher: _____

5 Karte mit den Höchstwerten der Temperaturen am 10. März

a) Nenne zwei nicht gleich warme Städte, in denen Schnee liegen könnte und die Temperaturen über −6° C liegen.

_____

b) Nenne zwei Städte, in denen der Abstand der Temperaturen zu null gleich ist, jedoch nicht die Temperaturen.

_____

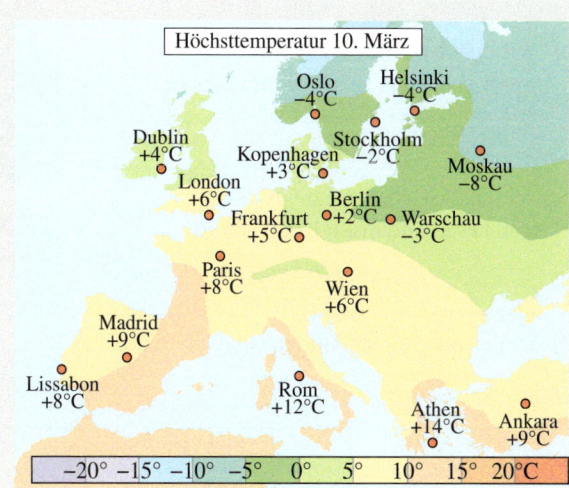

Höchsttemperatur 10. März

Oslo −4°C | Helsinki −4°C
Dublin +4°C | Stockholm
Kopenhagen +3°C | −2°C
London +6°C | Moskau −8°C
Berlin +2°C | Warschau −3°C
Frankfurt +5°C
Paris +8°C | Wien +6°C
Madrid +9°C
Lissabon +8°C | Rom +12°C
Athen +14°C | Ankara +9°C

−20° −15° −10° −5° 0° 5° 10° 15° 20°C

Kapitel Addition und Subtraktion

1 Berechne.

a) $507 + 41 =$ _____

b) $827 + 19 =$ _____

c) $1\,027 + 88 =$ _____

d) $200 - 87 =$ _____

e) $756 - 80 =$ _____

f) $75\,600 - 80 =$ _____

g) $37 + 58 + 23 =$ _____

h) $67 - 18 - 17 =$ _____

i) $23 + 24 + 25 + 26 + 27 =$ _____

2 Schreibe jeweils zuerst das Ergebnis des Überschlags auf.
Rechne danach schriftlich.

a) _____ b) _____ c) _____ d) _____

								6	8	0	6											8	6	4	5
	9	2	7	2		+	5	8	2	1			7	0	3	0		+		3	2	2
−	3	8	1	0		+	1	4	8	0		−	1	8	2	3		+	1	9	5	7

3 Ergänze jeweils die fehlenden Klammern.

a) $28 + 9 - 33 + 41 = -37$

b) $-57 - 40 - 30 - 12 - (-7) = -86$

4 Ermittle das Ergebnis.

a) Subtrahiere die Differenz der Zahlen 52 und 24 von der Summe der Zahlen 48 und 7.

_____

b) Der Minuend ist um 11 größer als der Subtrahend. Welchen Wert hat die Differenz?

_____

5 Wenn die Sonne an einem Ort am höchsten steht, ist an diesem Ort 12:00 Uhr mittags.
Dies ist nicht überall gleichzeitig der Fall, deshalb wurde die Erde in Zeitzonen unterteilt.

a) Wie spät ist es etwa in Südafrika,
wenn es bei uns 12:00 Uhr mittags ist?

_____

b) Wie spät ist es etwa in Australien,
wenn es bei uns 12:00 Uhr mittags ist?

_____

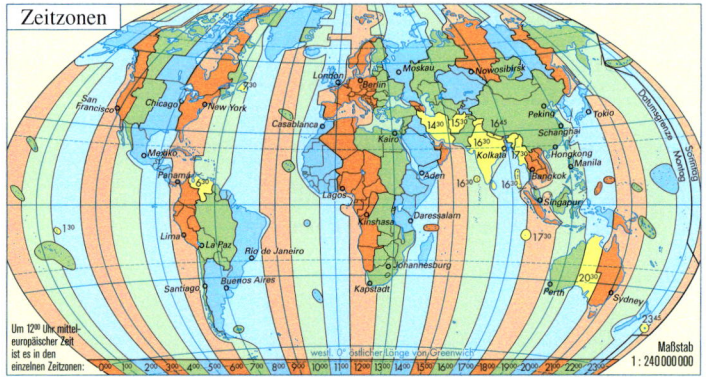

c) Wie spät ist es etwa auf Grönland,
wenn es in Südafrika 19:00 Uhr ist?

_____

d) Stelle eine weitere Aufgabe und löse diese.

_____

_____

Kapitel **Geometrie**

1 Sechseck

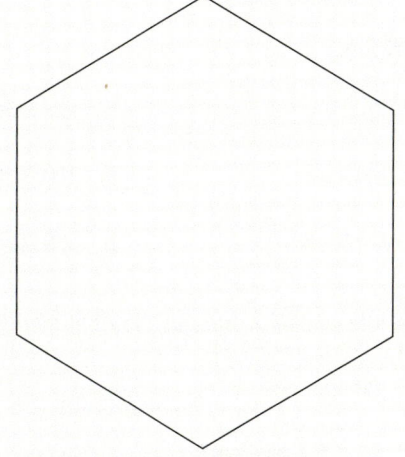

a) Zeichne in das Sechseck alle Diagonalen ein und gib die Anzahl an.

Das abgebildete Sechseck hat _____ Diagonalen.

b) Bezeichne zwei der Diagonalen, die senkrecht zueinander verlaufen mit *e* und *f*.

c) Bezeichne zwei der Diagonalen, die parallel zueinander verlaufen mit *g* und *h*. Gib deren Abstand an.

g und *h* haben einen Abstand von _____ cm (= _____ mm).

2 Zeichne jeweils die Punkte im Koordinatensystem ein und gib die fehlen Koordinaten der Vierecke an.

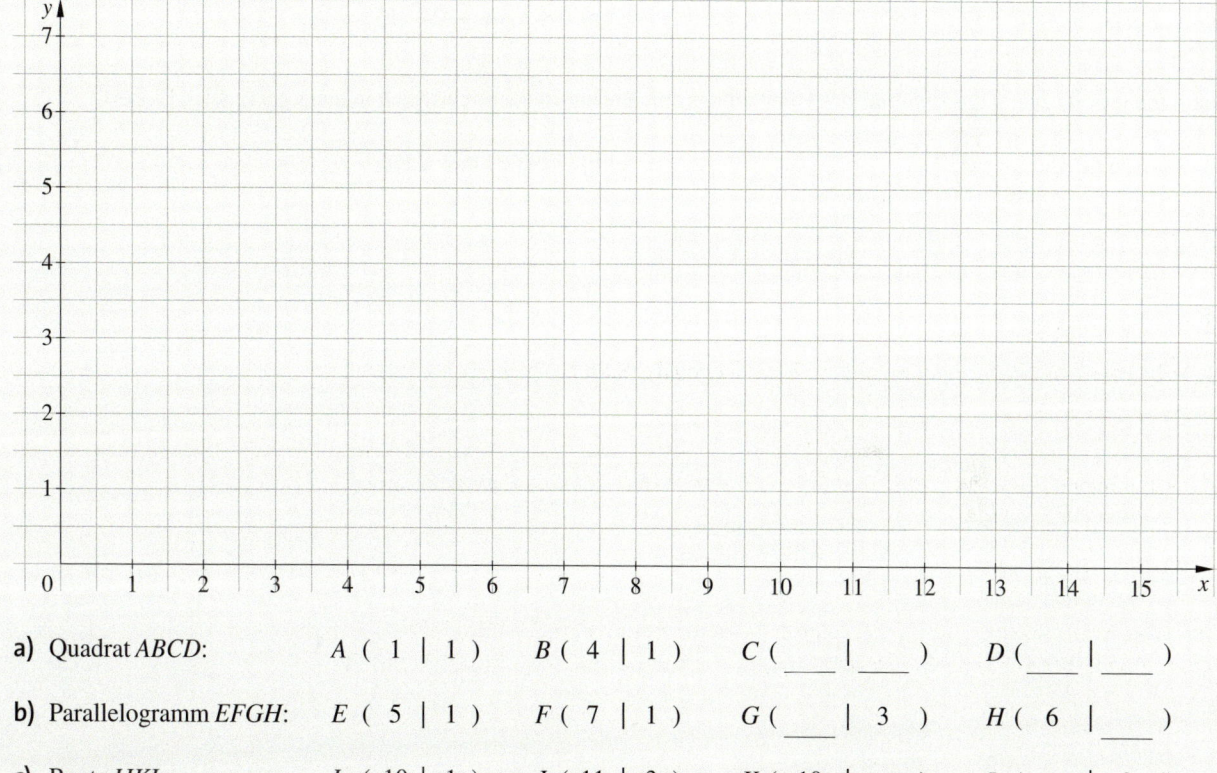

a) Quadrat *ABCD*: A (1 | 1) B (4 | 1) C (___ | ___) D (___ | ___)

b) Parallelogramm *EFGH*: E (5 | 1) F (7 | 1) G (___ | 3) H (6 | ___)

c) Raute *IJKL*: I (10 | 1) J (11 | 3) K (10 | ___) L (___ | 3)

d) Rechteck *MNOP*: M (12 | 1) N (14 | 1) O (___ | 4) P (12 | ___)

e) Trapez *QRST*: Q (2 | 5) R (5 | 5) S (5 | 7) T (3 | ___)

f) Drachenviereck *UVWX*: U (13 | 5) V (14 | 6) W (13 | ___) X (11 | ___)

3 Anni sagt: „Ich habe ein Trapez gezeichnet, das zwei gleich lange Seiten hat und kein Parallelogramm ist."
Was meinst du dazu?

_____

_____

_____

Kapitel Multiplikation und Division

1 Berechne.

a) $60 \cdot 11 =$ _____ **b)** $12 \cdot 15 =$ _____ **c)** $660 : 11 =$ _____ **d)** $450 : 90 =$ _____

e) $70 \cdot 8 =$ _____ **f)** $210 \cdot 4 =$ _____ **g)** $72 \cdot 2 =$ _____ **h)** $13 \cdot 8 =$ _____

i) $77 : 77 =$ _____ **j)** $660 : 0 =$ _____ **k)** $60 : 15 =$ _____ **l)** $0 : 11 =$ _____

2 Gib alle ganzen Zahlen an, die zum richtigen Ergebnis führen.

a) $720 : \text{✦} = 9$ _____ **b)** $(\text{✦})^2 < 16$ _____

c) $\text{✦} \cdot 25 + 15 = -85$ _____ **d)** $\text{✦} : 6 = 15$ _____

3 Finde jeweils eine Möglichkeit, wie die fehlenden Klammern zu setzen sind.

a) $8 \cdot 9 - 3 + 4 = 52$ **b)** $84 : 14 + 2 \cdot 15 = 36$

4 Schreibe jeweils zuerst das Ergebnis des Überschlags auf. Rechne danach schriftlich in einer geeigneten Einheit.

a) $28 \cdot 875{,}50 \,€ =$ _____ **b)** $789{,}625 \,\text{km} : 25 =$ _____

_____ _____

5 Lea und Ole haben in mehreren Reisebüros Angebote für
eine Gruppenfahrt zu einem Outdoor-Parcour mit
25 Schülern erstellen lassen.
Vergleiche beide Angebote.
Das beste Angebot von Ole ist: Ein Busunternehmen fährt
alle für insgesamt 420 €.
Das beste Angebot von Lea ist: Jeder Schüler zahlt 16,70 €
für die Fahrt.

_____

_____

_____

_____

Kapitel Flächenberechnung

1 Gib die Flächeninhalte in Quadratzentimeter und Quadratmillimeter an und die Umfänge in Zentimeter.

Viereck ①: _____

Viereck ②: _____

Viereck ③: _____

Viereck ④: _____

2 Rechne jeweils in die gegebene Einheit um.

a) $507000\ m^2 =$ _____ dm^2 **b)** $970000\ dm^2 =$ _____ m^2 **c)** $802\,000\,000\ m^2 =$ _____ km^2

d) $8500\ mm^2 =$ _____ cm^2 **e)** $20\ cm^2 =$ _____ mm^2 **f)** $2,5\ ha =$ _____ a

3 Maria hat ihr Zimmer ausgemessen und gezeichnet.
Die Längen sind in Meter angeben.

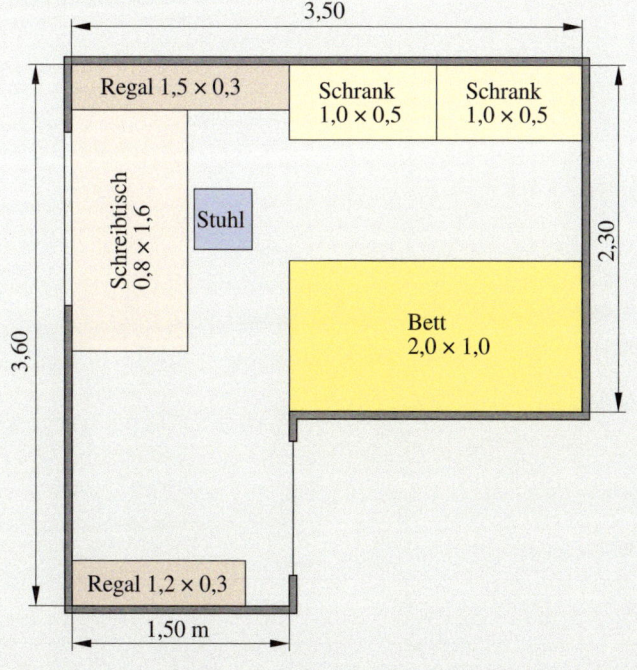

a) Berechne, wie groß ihr Zimmer ist. _____

b) Schreibe die Gegenstände nach der Größe der Stellfläche sortiert auf.

_____

Kapitel **Körper**

1 Gib jeweils die Anzahl der verwendeten Bausteine an.

verschiedenartige Grundformen: _____

Würfel: _____

Quader: _____

2 Rechteck und Quader

a) Zeichne ein Rechteck mit 2 cm und 3 cm Seitenlänge.
Ergänze das Rechteck zum Schrägbild eines
Quaders mit 4 cm Tiefe.

b) Gib jeweils die Anzahl an.

Kanten: _____

Flächen: _____

Ecken: _____

c) Zeichne zwei Paare zueinander parallel verlaufender Strecken rot und zwei Paare zueinander senkrecht
verlaufender Strecken blau nach.

d) Zeichne ein Körpernetz des von dir gezeichneten Quaders.
Gib den Oberflächeninhalt O des Quaders an.

_____

_____

3 Kreuze die Würfelnetze an.

Kapitel Volumen von Körpern

1 Wandle jeweils in die gegebene Einheit um.

a) $6\,500\text{ cm}^3 =$ _____ dm^3 b) $0{,}3\text{ m}^3 =$ _____ dm^3

c) $3{,}8\text{ cm}^3 =$ _____ mm^3 d) $0{,}0008\text{ m}^3 =$ _____ cm^3

e) $14\text{ l} =$ _____ dm^3 f) $2\,750\text{ ml} =$ _____ l

2 Kann das wahr sein? Kreuze an und begründe deine Meinung.

a) Fabian sagt: „Ein Würfel mit 2 dm Kantenlänge hat ein Volumen von 8 l." ☐ ja ☐ nein

_____

b) Lili sagt: „36 Würfel mit 1 cm langen Kanten passen in einen 30 mm breiten Würfel." ☐ ja ☐ nein

_____

c) Tim sagt: „In fünf Würfel mit 5 cm langen Kanten passt mehr als ein halber Liter." ☐ ja ☐ nein

_____

3 Würfeltürme aus kleineren, gleich großen Würfeln

a) Eine Seite eines Würfelturms ist zu sehen.
Aus wie vielen kleineren Würfeln besteht der abgebildete Turm?

_____

b) Aus wie vielen der kleineren Würfel des abgebildeten Turmes können
andere Würfeltürme gebaut werden?

_____

4 Die Firma Haller füllt Fruchtsaft in Getränkekartons.
Die Designabteilung entwirft einen neuen quaderförmigen
Karton für 0,7 l Orangensaft.

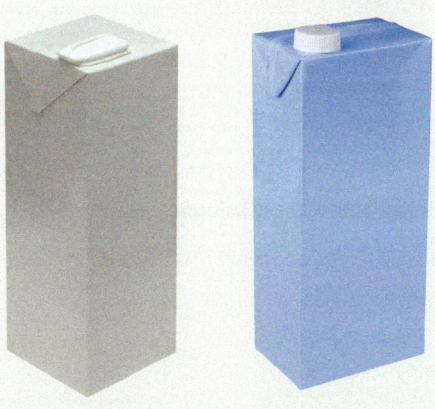

a) Die Maschinen der Firma können zwei Arten von
Kartons herstellen.
Karton A hat 10 cm Länge und 10 cm Breite.
Karton B hat 14 cm Länge und 5 cm Breite.
Die Höhe kann an der Maschine eingestellt werden.
Wie hoch muss Karton A bzw. Karton B werden,
um 0,7 l zu enthalten?

_____

_____

b) Die Materialkosten hängen von der Oberfläche ab.
Berechne die Größen der Oberflächen von Karton A
und Karton B.

_____

_____

Kapitel Brüche im Alltag

1 Schreibe entsprechende Brüche auf.

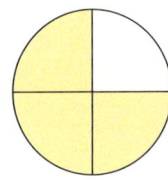 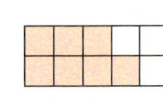 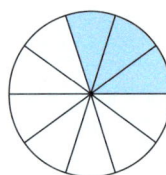 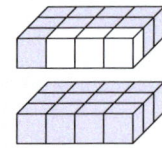

a) Der dunkel eingefärbte Anteil ist … eines Ganzen.

_____ _____ _____ _____

b) Der dunkel eingefärbte Anteil ist … kleiner als ein Ganzes.

_____ _____ _____ _____

2 Setze die fehlenden Zahlen ein.

a) $\frac{2}{3} = \frac{10}{\square}$
b) $\frac{7}{11} = \frac{\square}{33}$
c) $\frac{7}{25} = \frac{28}{\square}$
d) $1 = \frac{\square}{8}$

e) $2\frac{1}{3} = \frac{\square}{3}$
f) $4\frac{1}{5} = \frac{21}{\square}$
g) $\frac{7}{2} = \square\frac{1}{2}$
h) $\frac{19}{6} = \square\frac{\square}{6}$

3 Vergleiche.

a) $\frac{7}{21} \ \square\ \frac{1}{3}$
b) $\frac{1}{4} \ \square\ \frac{8}{36}$
c) $\frac{72}{100} \ \square\ \frac{3}{4}$
d) $\frac{7}{8} \ \square\ 1$

e) $1\frac{5}{6} \ \square\ \frac{1}{3}$
f) $2\frac{3}{8} \ \square\ \frac{6}{8}$
g) $7\frac{3}{10} \ \square\ \frac{73}{10}$
h) $9\frac{2}{9} \ \square\ \frac{86}{9}$

4 Ordne jedem Bruch eine Stelle zu.

  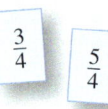 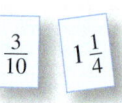  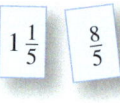

$\frac{6}{12}$ $\frac{5}{10}$ $\frac{7}{5}$ $\frac{3}{4}$ $\frac{5}{4}$ $\frac{3}{10}$ $1\frac{1}{4}$ $\frac{7}{10}$ $\frac{6}{20}$ $1\frac{1}{5}$ $\frac{8}{5}$

0 ——————————————————————→ 1

5 Nimm ein Blatt Papier, halbiere es viermal nacheinander und falte es danach auseinander.

a) Skizziere das Ergebnis.

b) Lege zuerst Farben fest und markiere entsprechend.
Ermittele danach den Anteil der nicht markierten Fläche.

$\square \ \frac{1}{32}$ $\square \ \frac{1}{2}$ $\square \ \frac{1}{8}$ Nicht markiert sind _____

Jahrgangsstufentest

1 Jedes Symbol steht für zehn Bibliotheksbesucher.
Stelle im Säulendiagramm die Anzahl der Bibliotheksbesucher pro Tag dar.

Montag (Mo.)

Dienstag (Di.)

Mittwoch (Mi.)

Donnerstag (Do.)

Freitag (Fr.)

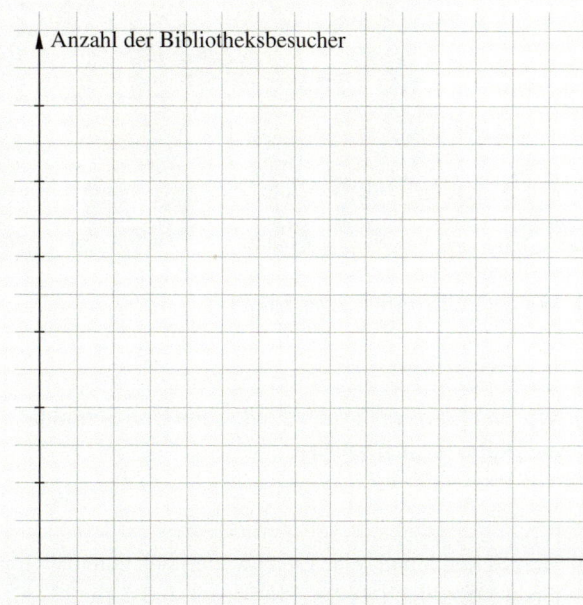

Anzahl der Bibliotheksbesucher

2 Berechne.

a) $857 + 340 =$ _____

b) $297 - 73 =$ _____

c) $320 \cdot 3 =$ _____

d) $1\,025 : 5 =$ _____

e) $51 \cdot 2 =$ _____

f) $360 : 4 =$ _____

g) $299 + 4 =$ _____

h) $210 - 4 =$ _____

3 Rechne jeweils in die gegebene Einheit um.

a) $5000\,\text{m} =$ _____ km

b) $97\,\text{km} =$ _____ m

c) $82\,700\,\text{cm}^2 =$ ____ dm²

d) $27\,\text{cm}^2 =$ _____ mm²

e) $823\,000\,\text{g} =$ ____ kg

f) $27\,\text{t} =$ _____ kg

g) $180\,\text{min} =$ _____ h

h) $5\,\text{d} =$ _____ h

4 Haus im Koordinatensystem

a) Gib die Koordinaten der Punkte an.

A (____ | ____) B (____ | ____)

C (____ | ____) D (____ | ____)

E (____ | ____)

b) Welche Strecken sind parallel zueinander?

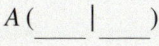
_____

c) Welche Strecken sind senkrecht zueinander?

_____

d) Gib den Flächeninhalt und den Umfang vom Fünfeck
$ABCDE$ an.

_____

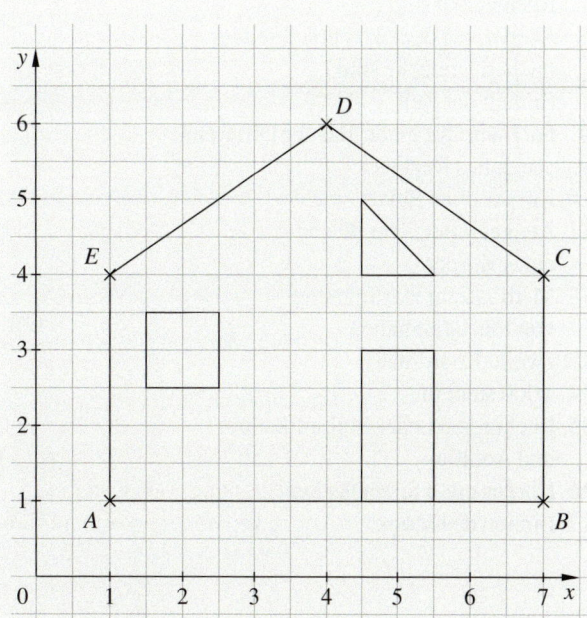

5 Herr Schmidt hat 6 832 € gewonnen. Er will das Geld gleichmäßig unter seinen sieben Enkeln aufteilen.

a) Wie viel Euro erhält jedes Kind?

_____

b) Wie viel Euro erhält jedes Kind, wenn Herr Schmidt
die Hälfte für sich behält?

_____

c) Herr Schmidt und seine Enkel wollen sich vom Gewinn
einen Kurzurlaub leisten. Pro Person sind dafür 279 €
an das Reisebüro zu überweisen. Jedoch, wenn alle
gleichzeitig bezahlen, gibt es 138 € Rabatt.
Wie viel Euro sind mindestens insgesamt an das
Reisebüro zu überweisen?

_____

6 Trage die gesuchten Begriffe in die Kästchen ein. Wenn alles richtig ist, ergibt sich ein Lösungswort.
Hinweis: Ü wird als UE eingetragen und Ö als OE.

1. Linie mit Anfangs- und Endpunkt
2. Rauminhalt
3. Fachwort für einen Teil des Quotienten
4. Währungseinheit
5. Körper, mit Netzen aus drei unterschiedlichen
   Rechtecken sind …
6. Körper, bei denen mehrere Seitenflächen Dreiecke sind
7. Einheit der Zeit
8. Fachwort für einen Teil der Differenz
9. spezielles Rechteck
10. Körper ohne Ecken
11. Ausgebreitete Oberfläche
    eines Körper
12. Methode zur Bestimmung
    von Flächeninhalten
13. zweite Koordinate
14. 1 000 steht für …
15. Rechengesetz der Multiplikation
    und Addition
16. Körper mit 6 Seitenflächen
17. Einheit der Masse

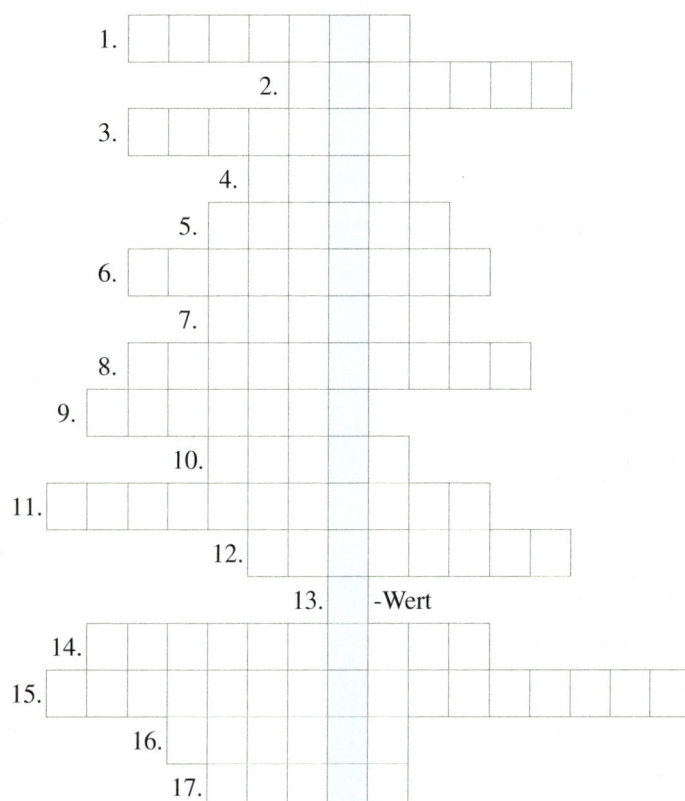

Arbeitsheft

Fokus Mathematik
Klasse 5
Gymnasium
Rheinland-Pfalz

Fokus
Mathematik

Rheinland-Pfalz
Gymnasium

5

Cornelsen

LÖSUNGEN

Inhaltsverzeichnis

Dieses Heft gehört:

Klasse:

▶ Grundwissen

Mit Tabellen und Diagrammen kann man Informationen gut erfassen und vergleichen.

Beispiel: Haustiere der 5a

Tiere	Anzahl
Hunde	|||
Katzen	||||| ||
Vögel	||
Hamster	|||||	

Strichliste

Säulendiagramm

▶ Auftrag: Ergänze die Strichliste und das Säulendiagramm.

Trainieren

1 Ergänze die Tabellen.

a) Katrin, Axel und Niklas haben ihre Siege beim Würfeln erfasst.

Person	Anzahl
Katrin	4
Alex	6
Niklas	2

b) Die Leiterin einer Bäckereikette veranschaulicht die Anzahl ihrer Verkäuferinnen.
Ein 🧍 steht für jeweils 3 Verkäuferinnen.

Ort	Verkäuferinnen
Mainz	12
Berlin	21
Frankfurt	15
Hannover	9

2 Stelle folgende Ergebnisse des Dauerlaufs im Säulendiagramm dar.

Anzahl der Runden	Anzahl der Schüler
5					
6								
7									
8				

---

3 David beobachtete von seinem Fenster aus die Straße.
Er notierte in einer Strichliste die Anzahl der Autos jeder Marke, die vorbeifuhren.
Es kamen vier Opel, sieben Volkswagen, drei Mercedes, zwei Fords, fünf Renaults und ein Mazda vorbei.

a) Wie könnte seine Strichliste aussehen?
Ergänze die Tabelle entsprechend.

Automarke	Anzahl der Autos
Opel	||||
Volkswagen	||||| ||
Mercedes	|||
Ford	||
Renault	|||||
Mazda		

b) Stelle Davids Daten im einem Säulendiagramm dar.

Anwenden und Vernetzen

4 In einem Diagramm wurden die Einwohnerzahlen der Orte Niedermehnen, Alt Windeck und Welda dargestellt.

Niedermehnen: 6000 Einwohner

Alt Windeck: 5000 Einwohner

Welda: 3000 Einwohner

a) Lies die Einwohnerzahlen von Niedermehnen und Alt Windeck ab.

b) Insgesamt leben 14000 Einwohner in den drei Orten. Ermittle die Anzahl der Einwohner von Welda.
Veranschauliche sie im Diagramm.

$14000 - 6000 - 5000 = 3000$ 3000 Einwohner leben in Welda.

c) Welcher Ort hat die meisten Einwohner? Begründe deine Antwort mithilfe des Diagramms.

Niedermehnen hat die meisten Einwohner, weil der Balken im Diagramm am weitesten nach rechts reicht.

d) Stimmt es, dass Alt Windeck 2000 Einwohner mehr hat als Welda?
Nenne zwei Möglichkeiten, wie man das feststellen kann.

Ja, es stimmt. (1) 5000 Einwohner – 3000 Einwohner = 2000 Einwohner

(2) Der Streifen für Alt Windeck ist 2 cm länger als der für Welda, d.h. dort leben 2000 Einwohner mehr.

e) Zusatzaufgabe: Schätze, wie viele Einwohner dein Heimatort hat. Wie bist du vorgegangen?

individuelle Lösung

Große natürliche Zahlen

▶ Grundwissen

Gib sechs natürliche Zahlen an. z.B. 1; 2; 3; 10; 105; 459

Gib die kleinste natürliche Zahl an. 0

Gib den Vorgänger der natürlichen Zahl 4 120 an. 4 119

Gibt es eine natürliche Zahl, die keinen Vorgänger hat? ja Wenn ja, welche? 0

Gib den Nachfolger der natürlichen Zahl 53 999 an. 54 000

Gibt es eine natürliche Zahl, die keinen Nachfolger hat? nein Wenn ja, welche?

▶ Auftrag: Ergänze.

Trainieren

1 Welche Zahlen gehören zu den farbig markierten Stellen?

a) 25 75 150 225 275 325 / 0 100 200 300

b) 200 600 1200 1800 2400 2800 / 0 1000 2000

2 Markiere auf dem Zahlenstrahl.

a) 80; 110; 30; 150; 65; 40; 25; 125
25 30 40 65 80 95 110 125 150 / 0 100

b) 8000; 16000; 14000; 1000; 6000; 11000; 3000
1000 3000 6000 8000 11000 14000 16000 / 0 10000

3 Vergleiche.

a) 254 332 > 254 323
b) 496 576 > 78 564
c) 1 857 762 > 99 987
d) 305 999 < 350 444
e) 278 378 < 287 323
f) 476 576 > 76 576
g) 899 762 = 899 762
h) 305 329 < 350 432

4 Welche Ziffern können jeweils für das Sternchen eingesetzt werden, damit wahre Aussagen entstehen?

a) 564 < 5*4   7; 8; 9
b) 987*54 < 987 354   0; 1; 2
c) 6214 > 621*   0; 1; 2; 3
d) 1 208 104 > 1 208*04   0

5 Ordne die Zahlen nach der Größe. Beginne mit der kleinsten Zahl. 5203; 235; 523; 2305; 5230; 253; 2053; 5032

235 < 253 < 523 < 2035 < 2305 < 5032 < 5203 < 5230

6 Trage die Zahlen in die Stellenwerttafel ein.

a) sechsundsiebzig Millionen sieben
b) zwanzig Milliarden fünftausend
c) achthundertacht Milliarden achthundertachttausend
d) sechs Billionen sechzig Millionen sechshunderttausend

Billionen			Milliarden			Millionen			Tausender					
H	Z	E	H	Z	E	H	Z	E	H	Z	E	H	Z	E
						0	7	6	0	0	0	0	0	7
			0	2	0	0	0	0	0	0	5	0	0	0
			8	0	8	0	0	0	8	0	8	0	0	0
0	0	6	0	0	0	0	6	0	6	0	0	0	0	0

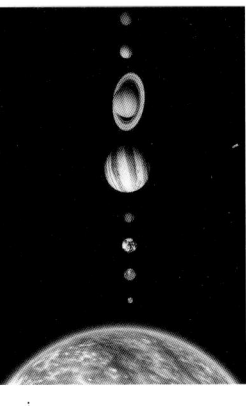

7 Die Sonne ist der größte Körper unseres Sonnensystems. Sie hat einen Durchmesser von 1 392 000 km.
Die Durchmesser der Planeten unseres Sonnensystems liegen zwischen 143 000 km (Jupiter) und 4 900 km (Merkur).
Die Venus hat ungefähr den gleichen Durchmesser wie die Erde (12 800 km). Der Durchmesser des größten Jupitermondes beträgt 5 280 km, der des Erdmondes 3 470 km.

a) Trage die im Text genannten Zahlen in die Stellenwerttafel ein.

Millionen			Tausender					
H	Z	E	H	Z	E	H	Z	E
		1	3	9	2	0	0	0
			1	4	3	0	0	0
					4	9	0	0
				1	2	8	0	0
					5	2	8	0
					3	4	7	0

b) Ordne die Himmelskörper nach der Größe. Schreibe die Zahlen in Worten.

Erdmond	dreitausendvierhundertsiebzig	Kilometer
Merkur	viertausendneunhundert	Kilometer
größter Jupitermond	fünftausendzweihundertachtzig	Kilometer
Erde	zwölftausendachthundert	Kilometer
Jupiter	einhundertdreiundvierzigtausend	Kilometer
Sonne	eine Million dreihundertzweiundneunzigtausend	Kilometer

8 Wahr oder falsch? Begründe deine Antwort.

a) Es gibt eine sechsstellige Zahl, die größer ist als 999 999.   ☐ wahr ☒ falsch
Der Nachfolger von 999 999 ist 1 000 000. Das ist eine siebenstellige Zahl.

b) Es gibt eine fünfstellige Zahl, deren Vorgänger vierstellig ist.   ☒ wahr ☐ falsch
9 999 ist der Vorgänger von 10 000.

c) Die kleinste vierstellige Zahl, die mit den Ziffern 1; 5; 2 und 9 gebildet werden kann, wenn keine Ziffer mehrmals verwendet wird, ist 1 529.   ☐ wahr ☒ falsch
1 259 ist die kleinste Zahl.

9 Der Ziffernfolge der Zahlen liegt jeweils eine Regel zugrunde. Ergänze die fehlenden Ziffern und gib die Regel an. Schreibe die entsprechende Zahl ohne Ziffern auf.

a) 5 0 5 0 5 0 5 0   Die Ziffern „5" und „0" folgen im Wechsel.
fünfzig Millionen fünfhundertfünftausendundfünfzig

b) 1 2 3 1 2 3 1 2 3 1   Nach der Ziffer „1" folgt „231".
eine Milliarde zweihunderteinunddreißig Millionen zweihunderteinunddreißigtausendzweihunderteinunddreißig

Größen messen

Masse

▶ Grundwissen

Einheiten	Umrechnung
Tonne (t)	1 t = 1000 kg
Kilogramm (kg)	1 kg = 1000 g
Gramm (g)	1 g = 1000 mg
Milligramm (mg)	

Beispiel

Pkw: ca. 25 Schüler der Klasse
z.B.
Tüte Zucker bzw. Mehl
z.B.
ein Zuckerkorn
■ Dieses Quadrat aus Papier

▶ Auftrag: Ergänze die Größenangaben.

Trainieren

1 In welcher Einheit ist es jeweils sinnvoll, die Masse der Tiere anzugeben?

a) Katze: Kilogramm   b) Hund: Kilogramm
c) Hamster: Gramm   d) Elefant: Tonne
e) Mücke: Milligramm   f) Maus: Gramm

2 Wandle jeweils in die gegebene Einheit um.

a) 8 t = 8000 kg
b) 50 g = 50000 mg
c) 78 kg = 78000 g
d) 300 kg = 300000 g
e) 7000 t = 7000000 kg
f) 25000 mg = 25 g
g) 300000 g = 300 kg
h) 7000 mg = 7 g
i) 400000000 mg = 400 kg

3 Berechne.

a) 2 t + 300 kg = 2,300 t
b) 75 kg + 250 g = 75,250 kg
c) 7 g + 800 mg = 7800 g
d) 8 kg + 50 g = 8,050 kg
e) 80 g + 20 mg = 80,020 g
f) 1 t + 7 kg = 1,007 t
g) 8 t + 560 kg = 8,560 kg
h) 78 g + 50 mg = 78,050 mg
i) 100 kg + 23 g = 100,023 kg

4 Gib das Ergebnis jeweils in zwei Einheiten an.

a) 120 kg + 800 g = 120,8 kg = 120800 g
b) 77 t + 500 kg = 77,500 t = 77500 kg
c) 1,5 kg + 250 g = 1,750 kg = 1750 g
d) 80 g + 75 mg = 80,075 g = 80075 mg

5 Ordne die Massen nach der Größe. Beginne mit dem kleinsten Wert.

a) 7 kg; 107 kg; 0,7 kg; 17 kg; 7100 g
0,7 kg < 7 kg < 7100 g < 17 kg < 107 kg

b) 333 g; 33,033 mg; 3,033 g; 30,033 g
3,033 g < 30,033 g < 33,003 mg < 333 g

c) 54540 kg; 45450 kg; 45,540 t; 54,054 t
45450 kg < 45,540 t < 54,054 t < 54540 kg

Anwenden und Vernetzen

6 Begründe, warum nur eine der beiden Zeichnungen nicht richtig ist.

linke Seite: 1700 g   rechte Seite: 1500 g   linke Seite: 500 g   rechte Seite: 500 g

Die erste Waage kann nicht im Gleichgewicht sein. Die zweite Waage ist im Gleichgewicht.

7 Die Masse eines Körpers wird durch den Vergleich mit Standardmassen bestimmt. Diese nennt man Wägstücke.

a) Gib jeweils an, welche der abgebildeten Wägstücke auf die rechte Seite der Waage zu legen sind, damit die Waage im Gleichgewicht ist.

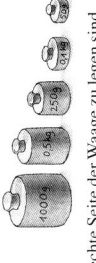

rechte Seite: 0,1 kg; 0,5 kg; 1000 g   rechte Seite: 50 g; 0,1 kg; 250 g; 0,5 kg

b) Ermittle die größte Masse, die mit den abgebildeten Wägstücken gemessen werden kann.

1000 g + 0,5 kg + 250 g + 0,1 kg + 50 g = 1900 g = 1,9 kg

1,9 kg ist die größte Masse, die mit den abgebildeten Wägstücken gemessen werden kann.

c) Könnte man alle abgebildeten Wägstücke so auf die Waage verteilen, dass diese im Gleichgewicht ist? Zusätzliche Hilfsmittel stehen dabei nicht zur Verfügung.

1900 : 2 = 950   1000 g > 950 g

Nein, da das 1000-g-Stück zu verwenden ist, gibt es keine Möglichkeit 950 auf jede Seite zu legen.

d) Ein Gegenstand soll 700 g schwer sein. Gib drei Möglichkeiten an, dies mit den abgebildeten Wägstücken zu überprüfen.

	linke Seite	rechte Seite
Möglichkeit A	700 g ; 250 g ; 50 g	1000 g
Möglichkeit B	700 g ; 50 g	0,5 kg; 250 g
Möglichkeit B	700 g ; 250 g ; 0,1 kg	1000 g; 50 g

8 Ein 1 km langer Faden eines Seidenspinners wiegt rund 130 mg. Wie schwer sind folgende Seidenfäden?

a) Ein 200 m langer Faden wiegt 26 mg.   b) Ein 500 m langer Faden wiegt 65 mg.

Länge

▶ Grundwissen

Einheiten	Umrechnung
Kilometer (km)	1 km = 1000 m = 10000 ___ dm = 100000 ___ cm = 1000000 ___ mm
Meter (m)	1 m = 10 dm = 100 ___ cm = 1000 ___ mm
Dezimeter (dm)	1 dm = 10 cm = 100 ___ mm
Zentimeter (cm)	1 cm = 10 mm
Millimeter (mm)	

Beim Umrechnen von Längeneinheiten in eine kleinere Einheit wird der Zahlenwert ___ größer.

▶ **Auftrag:** Ergänze die Größenangaben und den Satz.

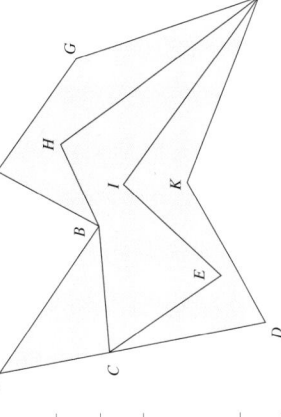

Trainieren

1 Wandle in die nächstkleinere Einheit um.
a) 6 cm = 60 mm
b) 12 m = 120 dm
c) 4 dm = 40 cm
d) 27 km = 27000 m
e) 120 cm = 1200 mm
f) 370 dm = 3700 cm

2 Wandle in die nächstgrößere Einheit um.
a) 40 mm = 4 cm
b) 80 dm = 8 m
c) 12000 dm = 1200 m
d) 600 cm = 60 dm
e) 40000 m = 40 km
f) 1700 mm = 170 cm

3 Ergänze jeweils den fehlenden Zahlenwert oder die Einheit.
a) 23000 cm = 230 m
b) 7800 m = 780000 cm
c) 4000 km = 4000000 m
d) 45000 mm = 45 m
e) 2400 cm = 24000 mm
f) 3700 cm = 370 dm
g) 900 m = 90000 cm
h) 1200 cm = 12000 mm
i) 7600 cm = 76 m
j) 9 km 37 m = 9037 m
k) 10 km 100 m = 10100 m
l) 1,5 m = 150 cm

4 Ordne nach der Größe. Beginne mit der kleinsten Länge.
a) 485 mm; 32 cm; 2 m; 1100 mm; 8 cm; 91 mm; 310 cm
8 cm < 91 mm < 32 cm < 485 mm < 1100 mm < 2 m < 310 cm
b) 0,85 m; 780 mm; 73 cm; 1,02 m; 120 cm; 1002 mm; 805 mm
73 cm < 780 mm < 805 mm < 0,85 m < 1002 mm < 1,02 m < 120 cm
c) 2,5 km; 2050 m; 25 km; 2005 m; 0,25 km; 20500 m; 2,025 km
0,25 km < 2005 m < 2,025 km < 2050 m < 2,5 km < 20500 m

5 Schätze zuerst die Länge der abgebildeten Strecke. Miss danach mit einem Lineal nach.
z. B. ca. 10 cm (12,5 cm)

Anwenden und Vernetzen

6 Ordne jedem Gegenstand eine der folgenden Größenangaben zu.

| 28 mm | 38 mm | 90 cm | 150 mm | 210 mm | 18 m | 320 m | 21 dm | 15 mm | 21 dm |

a) Breite einer Tür: 90 cm
b) Höhe einer Tür: 21 dm
c) Länge einer Tintenpatrone: 38 mm
d) Dicke eines Buches: 28 mm
e) Länge eines Güterzuges: 320 m
f) Länge eines Lkws: 18 m
g) Breite eines Daumens: 15 mm
h) Breite einer DIN-A4-Seite: 210 mm

7 Nenne jeweils drei Gegenstände, die etwa die angegebene Länge haben.
Hinweis: Miss, wenn möglich, zur Kontrolle nach.   individuelle Lösung
a) 5 cm   ① ② ③
b) 1,5 dm ① ② ③
c) 2 m   ① ② ③
d) 5 mm ① ② ③

8 Schätze zuerst, welche die kürzeste Verbindung der Punkte entlang der schwarzen Linie vom Anfang A zum Ziel Z ist. Ermittle danach die Länge der Verbindung.

Längen der Teilstrecken:
Abstand zwischen A und B: 3,5 cm = 35 mm
Abstand zwischen B und H: 1,8 cm = 18 mm
Abstand zwischen H und E: 4,9 cm = 49 mm

Länge der Verbindung:
35 mm + 18 mm + 49 mm = 102 mm = 10,2 cm = 1,02 dm

9 Laura und ihr Bruder Michael haben 26-Zoll-Fahrräder mit einem Radumfang von 2 m und 8 cm. Während der Fahrt von der Schule nach Hause hat sich das Vorderrad von Michael 951-mal gedreht.
Wie lang ist der Schulweg etwa?   individuelle Lösung
Zusatzaufgabe: Schätze, wie lang dein Schulweg ist.

2 m · 1000 = 2000 m = 2 km

(208 cm · 951) = 197808 cm = 1,98 km

197808 cm = 19780,8 dm = 1978,08 m = 1,97808 km

Der Schulweg ist etwa 2 km lang.

Maßstab

▶ Grundwissen

Der Maßstab ist das Verhältnis (der Quotient) der Länge einer beliebigen Strecke im Bild zur entsprechenden Länge der Strecke im Original.

Beispiel: Im rechten Bild des Maikäfers entspricht jeder 1 cm langen Strecke eine ___2___ cm lange Stecke im linken Original. Der Maßstab ist 1 : 2 .

▶ Auftrag: Bestimme den Maßstab des rechten Bildes vom Maikäfer.

Trainieren

1 Gib die zugehörigen Maßstäbe an und ermittle, wie lang eine 2 km lange Originalstrecke auf einer Karte wäre.

a) 0 250 500 750 1000 1250 1500 m
Maßstab: 1 : 25 000   2 km entsprechen ___8 cm___ auf der Karte.

b) 0 1 2 3 4 5 6 km
Maßstab: 1 : 100 000   2 km entsprechen ___2 cm___ auf der Karte.

c) 0 10 20 30 40 50 60 km
Maßstab: 1 : 1 000 000   2 km entsprechen ___0,2 cm___ auf der Karte.

d) 0 5 10 15 km
Maßstab: 1 : 250 000   2 km entsprechen ___0,8 cm___ auf der Karte.

2 Ergänze die Tabellen.

a) Maßstäbliche Verkleinerungen

Maßstab	1 : 25	1 : 300	1 : 5	1 : 150
Länge im Bild	2 mm	3 cm	5 mm	2 dm
Länge im Original	50 mm	900 cm	2,5 cm	300 dm

b) Maßstäbliche Vergrößerungen

Maßstab	5 : 1	10 : 1	20 : 1	40 : 1
Länge im Bild	2 mm	3 cm	500 m	112 dm
Länge im Original	0,4 mm	0,3 cm	25 m	2,8 dm

3 Euer derzeitiger Unterrichtsraum soll umgestaltet werden. Dazu muss ein maßstabsgetreuer Grundriss auf einem DIN-A4-Blatt angefertigt werden. Welchen Maßstab würdest du empfehlen?
Zusatzaufgabe: Vergleich die Vorschläge untereinander.

individuelle Lösung (z. B.: 1 : 50)

Anwenden und Vernetzen

4 Der Airbus A380 ist der Rekordhalter im Passagiertransport und das zweitgrößte Flugzeug der Welt. Die Antonow AN-225 ist 11 Meter länger und auch bei der Flügelspannweite übertrifft sie den Airbus um acht Meter.

Daten zum Airbus A380
Länge: 72,30 m
Flügelspannweite: 79,80 m
Höhe: 24,10 m
Maximale Passagierkapazität: 853

a) Das Foto zeigt ein Modell des Airbus A380 mit rund 30 cm Flügelspannweite. Jeweils eine der Angaben ist richtig. Kreuze diese an.

Maßstab des Modells: ☐ 1 : 25 ☐ 1 : 2500 ☒ 1 : 250 ☐ 25 : 1 ☐ 250 : 1 ☐ 2500 : 1
Höhe des Modells: ☐ ca. 0,1 km ☐ ca. 0,1 dm ☐ ca 1 m ☐ ca. 10cm ☐ ca. 1000mm

b) Stell dir vor, ein Original Airbus A380 und eine Antonow AN-225 sollen mit möglichst geringem Rechenaufwand groß und von oben gesehen auf jeweils ein DIN-A4-Blatt gezeichnet werden.
Welcher Maßstab ist dafür geeignet?
z. B.
Maßstab: 1 : 400

Wie lang und breit werden die entsprechenden Bilder der Flugzeuge etwas?

Airbus A380: Länge des Bildes: etwas 18 cm (18,075 cm)   Breite des Bildes: etwas 20 cm (19,95 cm)

Antonow AN-225: Länge des Bildes: etwas 21 cm (20,825 cm)   Breite des Bildes: etwas 22 cm (21,95 cm)

c) Reichen die Plätze im Airbus A380 für einen gemeinsamen Flug aller Schülerinnen und Schüler eurer Schule aus? Begründe deine Antwort.

individuelle Lösung

5 Plane eine 2½- bis 3-stündige Stadtwanderung und zeichne den Weg ein. Ziel und Ausgangspunkt ist das Helmholtz-Gymnasium im Osten. Beachte, dass durchschnittlich 4 km pro Stunde zurückgelegt werden. Der Maßstab ist 1 : 35 000.
Zusatzaufgabe: Lass deinen Vorschlag von einer Mitschülerin oder einem Mitschüler überprüfen.

3,5 cm entsprechen 1 km.

individuelle Lösung

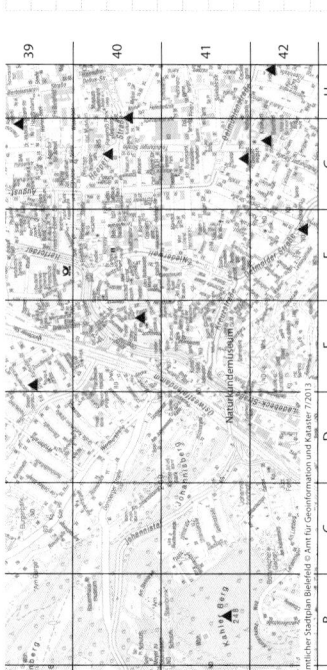

Amtlicher Stadtplan Bielefeld © Amt für Geoinformation und Kataster 7/2013

Anwenden und Vernetzen

5 Der erste Bus fährt um 5:10 Uhr vom Bahnhof zur Vorstadt. Er wartet dort zwei Minuten und fährt dann die selbe Strecke zum Bahnhof zurück. Die Busse fahren im Abstand von 30 min. Vervollständige den Fahrplan für die Buslinie vom Bahnhof zur Vorstadt und zurück.

Stop		hin			zurück		
Bahnhof	→	5.10	5.40	6.10	↑	5.36	6.06	6.36
Goethestraße	→	5.11	5.41	6.11	↑	5.35	6.05	6.35
Rathaus	→	5.13	5.43	6.13	↑	5.33	6.03	6.33
Stadtpark	→	5.15	5.45	6.15	↑	5.31	6.01	6.31
Rosenstraße	→	5.16	5.46	6.16	↑	5.30	6.00	6.30
Vorstadt	→	5.22	5.52	6.22	↑	5.24	5.54	6.24

(Abstände: Bahnhof 1 min, Goethestraße 2 min, Rathaus 2 min, Stadtpark 1 min, Rosenstraße 6 min Vorstadt)

6 Damit die Reparaturarbeiten an der Bahnlinie 5 schneller gehen, wird ab dem 25. Juli bis zum 4. August jeweils in den Nächten von Montag auf Dienstag ab 23:00 Uhr auf Dienstag ab 4:45 Uhr ein eingleisiger Bahnverkehr eingerichtet. Gib die Zeitdauer an, in der der Stellwerksleiter mit Verzögerungen im Verkehr rechnet. Schreibe unterschiedliche Antworten auf.

Die Frage lässt mehrere richtige Antworten zu.

• Von 23:00 Uhr bis 4:45 Uhr sind es jeweils 5 h + 45 min (345 min).

• Vom 25. Juli bis zum 4. August sind es 10 Nächte.

• Insgesamt: 10 · 345 min = 3450 min   3450 min : 60 = 57,5 h   57,5 h = 57 h + 30 min = 2 d + 9 h + 30 min

7 Warten fällt auch bei Sonnenschein schwer.
Ergänze die Zeitpunkte sowie die Zeitspannen und schreibe eine kurze Geschichte auf.

12:15 Uhr	13:30 Uhr	14:20 Uhr	15:05 Uhr
75 min	50 min	45 min	

z. B.
Der Mann hat von 12:15 Uhr bis 15:05 Uhr auf die Frau gewartet. Das sind 170 min (2 h + 50 min).

Die Blume …

Zeit

▶ Grundwissen

Einheiten	Umrechnung	
Tag (d)	1 d = 24 h	= 1440 min
Stunde (h)	1 h = 60 min	= 3600 s
Minute (min)	1 min = 60 s	= 60000 ms
Sekunde (s)	1 s	

Ein Jahr hat 12 Monate. Ein Monat hat 28 bis 31 Tage. Jede Woche hat 7 Tage.
Jedes Jahr hat 365 Tage, lediglich Schaltjahre alle 4 Jahre haben 366 Tage.

▶ Auftrag: Ergänze die Größenangaben.

Trainieren

1 Ordne jeder Tätigkeit die passende Zeitdauer zu.

52 Wochen | 2 s | 14 d | 4 min | 15 min | 1 h | 70 min

z. B.
a) 4 km wandern: 1 h
b) CD abspielen: 70 min
c) Datum aufschreiben: 2 s
d) Zähne putzen: 4 min
e) Ferien: 14 d
f) Jahr: 52 Wochen

2 Wandle in die nächstkleinere Einheit um.
a) 12 h = 720 min
b) 5 min = 300 s
c) 3 d = 72 h
d) 4 Wochen = 28 d
e) 8 h = 480 min
f) 6 Wochen = 42 d
g) 15 min = 900 s
h) 10 d = 240 h
i) 600 s = 10 min

3 Wandle in die nächstgrößere Einheit um.
a) 30 min = 0,5 h
b) 96 h = 4 d
c) 28 d = 4 Wochen
d) 480 s = 8 min
e) 120 min = 2 h
f) 900 min = 15 h
g) 120 h = 5 d
h) 90 s = 1,5 min
i) 264 h = 11 Tage

4 Gib die Zeitspannen in den gegebenen Einheiten an.
a) Vom 3. Mai um 12:00 Uhr bis zum 3. Mai um 17:00 Uhr sind es 5 h.
b) Vom 2. Mai um 12:00 Uhr bis zum 3. Mai um 17:00 Uhr sind es 29 h.
c) Vom 3. Mai um 15:00 Uhr bis zum 15. Mai um 21:00 Uhr sind es 12 d 6 h.
d) Vom 3. Mai um 12:13 Uhr bis zum 5. Mai um 17:24 Uhr sind es 2 d 311 min.
e) Vom 3. Mai um 12:44 Uhr bis zum 5. Mai um 12:56 Uhr sind es 48 h 12 min.

Messen unter null

▶ Grundwissen

Die natürlichen Zahlen $\mathbb{N} = \{0; 1; 2; 3 \ldots\}$ und die Gegenzahlen $(-1; -2; -3 \ldots)$

bilden zusammen die Menge der ganzen Zahlen $\mathbb{Z} = \{\ldots -3; -2; -1; 0; 1; 2; 3; \ldots\}$.

```
-7   -6   -5   -4   -3   -2   -1    0    1    2    3    4    5    6    7
```

▶ Auftrag: Ergänze den Satz.

_____

Trainieren

1 Veranschauliche folgende Zahlen an der Zahlengeraden. $2; -1; -7; 11; 7; 4; -12; -14; 5; -5; 0$

```
-14   -12   -10        -7   -5        -1  0    2    4 5    7          10  11
```

2 Gib, wenn möglich, jeweils drei ganze Zahlen an, die auf der Zahlengerade zwischen den gegebenen Zahlen liegen.

a) Zwischen -3 und 1 liegen $0; -1; -2$.

b) Zwischen 2 und -2 liegen $1; 0; -1$.

c) Zwischen -3 und -6 liegen   nur -4 und -5.   z. B.

d) Zwischen -7 und 0 liegen $-1; -2; -3$.   z. B.

e) Zwischen 1 und -1 liegen   nur 0.

f) Zwischen 1 und -4 liegen $0; -1; -2$.

3 Welche Zahl könnte die gesuchte Zahl sein? Gib, wenn möglich, mehrere Beispiele an.

a) Anne sucht eine natürliche Zahl, die höchstens einen Abstand von drei zu -2 hat. 0 und 1

b) Jonas sucht eine natürliche Zahl, die mindestens einen Abstand von fünf zu 0 hat. $5; 6; 7; 8; 9; \ldots$

c) Lina sucht eine ganze Zahl, die höchstens einen Abstand von drei zu -1 hat. $-4; -3; -2; -1; 0; 1; 2$

d) Luis sucht eine ganze Zahl, die genau einen Abstand von siebzig zu -3 hat. -73 und 67

4 Gib jeweils die benachbarten ganzen Zahlen an.

a) $14 < 15 < 16$

b) $-16 < -15 < -14$

c) $-1 < 0 < 1$

5 Ordne die Temperaturangaben. Beginne mit dem kleinsten Wert. $-55°C; 10°C; 17°C; -11°C; -45°C; 24°C; -23°C; -28°C; 3°C$

$-55°C < -45°C < -28°C < -23°C < -11°C < 3°C < 10°C < 17°C < 24°C$

6 Notiere jeweils die nächsten drei ganzen Zahlen.

z.B.

a) $10; 8; 6; 4 \ldots$ $2; 0; -2$

b) $-109; -107; -105; -103 \ldots$ $-101; -99; -97$

c) $-5; 0; 5; 10 \ldots$ $15; 20; 25$

d) $-7; 5; -3; 2 \ldots$ $-1; 3; -5$

Anwenden und Vernetzen

7 Gib zuerst den Sachverhalt mit einer ganzen Zahl an. Schreibe danach die Gegenzahl und deren mögliche Bedeutung im Sachzusammenhang auf.

a) $2300 \, €$ Gewinn   Zahl: 2300 Gegenzahl: -2300

Bedeutung der Gegenzahl: _____

Man macht bei einem Geschäft $2300 \, €$ Verlust.

b) $7°$C über null   Zahl: 7 Gegenzahl: -7

Bedeutung der Gegenzahl: _____

$-7°$C bedeutet, dass es 7 Grad unter dem Gefrierpunkt sind.

c) 3 Sekunden nach dem Start   Zahl: 3 Gegenzahl: -3

Bedeutung der Gegenzahl: _____

Der Start ist vor 3 Sekunden erfolgt.

d) 2. Etage   Zahl: 2 Gegenzahl: -2

Bedeutung der Gegenzahl: _____

Es ist das zweite Geschoss unter der Erde gemeint.

e) 859 m über NN   Zahl: 859 Gegenzahl: -859

Bedeutung der Gegenzahl: _____

Es sind 859 m unter dem Meeresspiegel (unter NN) gemeint.

8 Unsere Zeitrechnung begann mit der Geburt Christi. Zeitangaben, die vor dem Beginn unserer Zeitrechnung liegen, erhalten deshalb den Zusatz v. Chr. (vor Christus).

a) Finde heraus, wer von den drei Römern am ältesten wurde? Begründe deine Antwort.

Cäsar: 56 Jahre

Augustus: 76 Jahre

Tiberius: 78 Jahre

Tiberius wurde am ältesten.

b) Vor wie vielen Jahren wurde Rom gegründet?

Lösung ist abhängig vom jeweiligen Kalenderjahr.

(Das Jahr null gab es nicht.)

römischer Staatsmann
Julius Cäsar
Geburt: 100 v. Chr.
Tod: 44 v. Chr.

römischer Kaiser
Augustus
Geburt: 63 v. Chr.
Tod: 14 n. Chr.

römischer Kaiser
Tiberius
Geburt: 42 v. Chr.
Tod: 37 n. Chr.

Gründung Roms
753 v. Chr.

Addition und Subtraktion

Im Kopf addieren und subtrahieren

▶ **Grundwissen**
- Addieren bedeutet so viel wie zusammenzählen, hinzufügen, vermehren, ...
- Subtrahieren bedeutet so viel wie abziehen, Unterschied berechnen, ...
- Beim Addieren dürfen die Summanden vertauscht werden. Die Summe _____ ändert sich dadurch nicht.

▶ **Auftrag:** Trage folgende Begriffe an den richtigen Stellen ein:
zusammenzählen; abziehen; Unterschied berechnen; hinzufügen; Summe; vermehren.

Trainieren

1 Schreibe die Rechenausdrücke auf und berechne.
a) Addiere 3 zu 45. $45 + 3 = 48$
b) Füge 8 zu 51 hinzu. $51 + 8 = 59$
c) Subtrahiere 2 von 50. $50 - 2 = 48$
d) Ziehe 5 von 44 ab. $44 - 5 = 39$

2 Addiere.
a) $307 + 40 = 347$
b) $20 + 803 = 823$
c) $660 + 120 = 780$
d) $61 + 401 = 462$
e) $97 + 50 = 147$
f) $30 + 87 = 117$
g) $606 + 77 = 683$
h) $45 + 90 = 135$
i) $807 + 99 = 906$
j) $756 + 80 = 836$
k) $660 + 440 = 1100$
l) $660 + 91 = 751$

3 Subtrahiere.
a) $75 - 40 = 35$
b) $126 - 8 = 118$
c) $64 - 12 = 52$
d) $65 - 41 = 24$
e) $97 - 51 = 46$
f) $77 - 27 = 50$
g) $80 - 79 = 1$
h) $45 - 45 = 0$
i) $80 - 19 = 61$
j) $750 - 80 = 670$
k) $610 - 40 = 570$
l) $660 - 91 = 569$

4 Setze passende Rechenzeichen ein.
a) $40 + 80 + 20 = 140$
b) $77 - 27 - 30 = 20$
c) $100 - 80 - 19 = 1$
d) $45 + 45 + 3 = 93$
e) $23 + 50 - 13 = 60$
f) $75 + 80 - 20 = 135$
g) $210 - 40 + 15 = 185$
h) $66 - 77 + 55 = 44$

5 Ergänze die fehlenden Zahlen in den Additionsmauern.

Mauer 1:
```
            106
         47     59
      19    28     31
    7    12    16    15
  4    3     9    7    8
```

Mauer 2:
```
              1131
          988      143
       911    77      66
     878   33    44     22
   874    4    29   15    7
```

6 Zahlenrätsel
a) Schreibe jeweils die Lösung in das Feld mit dem entsprechenden Buchstaben.

A: 15 vermindert um 8
B: 8 vermehrt um 9
C: Differenz von A und B
D: Summe von A und B
E: Vorgänger von D
F: Nachfolger von D

16	A 7	33	44
B 17	13	50	C 10
34	22	D 24	15
E 23	47	12	F 25

b) Addiere im Kopf die Zahlen jeder Spalte und jeder Zeile. Rechne vorteilhaft.
Hinweis: Die Summe aller Zahlen der Tabelle ist 392.

Zeile 1: 100   Zeile 2: 90   Zeile 3: 95   Zeile 4: 107
Spalte 1: 90   Spalte 2: 89   Spalte 3: 119   Spalte 4: 94

c) Wenn alle Zahlen aus dem ausgefüllten Zahlenquadrat von 500 subtrahiert werden, ist das Ergebnis 108.

Anwenden und Vernetzen

7 a) Auf der Karte sind Entfernungen zwischen Orten angegeben.
Kreuze an.
Zusatzaufgabe: Begründe deine Entscheidung.

① Von Köln nach Frankfurt/M. sind es etwa 183 km.
☒ wahr ☐ falsch $(95 + 88 = 183)$

② Von Köln nach Hannover sind es etwa 287 km.
☒ wahr ☐ falsch $(64 + 15 + 8 + 113 + 87 = 287)$

③ Von Köln nach Emmerich sind es etwa 235 km.
☐ wahr ☒ falsch $(51 + 68 = 119)$

④ Von Köln nach Giessen sind es etwa 227 km.
☒ wahr ☐ falsch $(64 + 163 = 227)$

⑤ Von Trier nach Aachen sind es etwa 257 km.
☒ wahr ☐ falsch $(100 + 102 + 55 = 257)$

⑥ Von Bremen nach Münster sind es etwa 568 km.
☐ wahr ☒ falsch $(58 + 71 + 52 = 181)$

b) Finde die kürzeste Route von Hamburg nach München. Zeichne diese auf der Karte farbig nach.
Hinweis: Notiere Zwischenergebnisse auf einem zusätzlichen Blatt.   (Es sind rund 770 km.)

c) Familie Schulz fährt von Flensburg nach Lindau. In Flensburg sind 15 l Super im Tank. Der Tank fasst insgesamt 50 l. Auf 100 km verbraucht ihr Auto 9 l Super. Wie oft werden sie auf dem Weg mindestens tanken?

Von Flensburg bis Lindau sind es rund 1 000 km (966 km). Für diese Strecke benötigt das Auto 90 l Super.

$15\,l + 50\,l < 90\,l < 15\,l + 50\,l + 50\,l$ Sie werden mindestens zweimal tanken.

Schriftlich addieren und subtrahieren

▶ **Grundwissen**

• Bei der schriftlichen Addition und Subtraktion ist zu beachten, dass

– alle Zahlen stellengerecht _____ untereinander geschrieben werden,

– rechts _____ mit dem Addieren bzw. Subtrahieren begonnen wird und

– der Übertrag jeweils in die nächste _____ Spalte geschrieben wird.

• Mithilfe eines Überschlags solltest du prüfen, ob das Ergebnis stimmen kann.

Beispiele:

Überschlag: 5 0 0 + 9 0 = 5 9 0

```
    5 3 1
 +    8 7
    1
    6 1 8
```

Überschlag: 2 4 0 – 1 4 0 = 1 0 0

```
    2 3 9
 –  1 4 3
      1
      9 6
```

▲ **Auftrag:** Ergänze den Text.

Trainieren

1 Überschlage zuerst. Addiere danach schriftlich.

a) 7000 + 1000 = 8000

```
    7 1 3 7
 +    8 4 1
    1 1 1
    7 9 7 8
```

b) 5000 + 7000 = 12000

```
    5 4 8 9
 +  6 7 5 2
    1 1 1 1
  1 2 2 4 1
```

c) 40000 + 60000 = 100000

```
      4 0 9 2 3
 +    5 9 2 5 0
      1 1 1
  1 0 0 1 7 3
```

2 Überschlage zuerst. Subtrahiere danach schriftlich.

a) 9000 – 8000 = 1000

```
    9 2 5 9
 –  8 1 0 4
    1 1 5 5
```

b) 9000 – 5000 = 4000

```
    9 0 0 3
 –  4 9 0 4
    1 1 1
    4 0 9 9
```

c) 80000 – 70000 = 10000

```
    7 7 0 6 3
 –  6 9 0 1 4
      1 1
    8 0 4 9
```

3 Schreibe jeweils zuerst das Ergebnis des Überschlags auf. Rechne danach schriftlich.

a) 26000

```
    8 9 7 3
 +  8 2 8 2
 +  8 8 1 0
    2 2 1
  2 6 0 6 5
```

b) 14000

```
    7 8 8 6
 +  5 0 2 1
 +  1 1 8 9
    1 1 1 1
  1 4 0 9 6
```

c) 15000

```
    8 9 9 2
 +  5 2 3 0
 +  1 4 2 3
    1 1 1
  1 5 6 4 5
```

d) 7000

```
    3 6 4 5
 +    8 2 9
 +  1 9 5 7
    2 1 2
    6 4 3 1
```

Anwenden und Vernetzen

4 Rechne schriftlich. Überschlage im Kopf und vergleiche mit deinem Ergebnis.

a) Eine Zahnradbahn fährt von der Talstation (712 m über dem Meeresspiegel) zum Zugspitzplatt (2601 m über dem Meeresspiegel). Berechne den Höhenunterschied.

Der Höhenunterschied beträgt 1889 m.

```
    2 6 0 1
 –    7 1 2
    1 1 1
    1 8 8 9
```

b) Die erste technisch nutzbare Glühbirne wurde von Edison im Jahr 1879 erfunden. Vor wie vielen Jahren war das?

Es war vor _____ Jahren.

z. B.
```
    2 0 1 5
 –  1 8 7 9
    1 1
      1 3 6
```

c) Eine Bibliothek hat bereits 47530 Bücher. Es sollen 8747 Bücher dazu gekauft werden. Wie viele Bücher sind es danach?

Danach sind es 56277 Bücher.

```
    4 7 5 3 0
 +    8 7 4 7
    1 1 1
    5 6 2 7 7
```

d) Ein neuer Fernseher kostet bei Mad-Markt 1295 €. Das gleiche Gerät gibt es bei Sad-Markt für 979 €.
Wie viele Euro ist der Fernseher bei Sad-Markt preiswerter?

Bei Sad-Markt kostet der Fernseher 316 € _____ weniger.

```
    1 2 9 5
 –    9 7 9
      1 1
      3 1 6
```

e) Ein Inter-City-Express (ICE) fuhr von Hamburg nach München. In Hamburg war der Kilometerstand 345678 km und in München 346500 km. Wie viel Kilometer ist der Zug gefahren?

Der Zug fuhr 822 km.

```
    3 4 6 5 0 0
 –  3 4 5 6 7 8
    1 1 1
          8 2 2
```

f) Im Stadion zahlen 17896 Zuschauer an Kasse 1 ihren Eintritt, 7855 an Kasse 2, 4568 an Kasse 3 und 7961 an Kasse 4.
Wie viele der 38750 Karten wurden verkauft? Wie viele gibt es noch?

```
    1 7 8 9 6
 +    7 8 5 5
 +    4 5 6 8
 +    7 9 6 1
    2 3 2 2
    3 8 2 8 0
```

38280 Karten wurden verkauft.

Es gibt noch 470 Karten.

5 In einem Erlebnisbad wurden in den Sommerferien die Besucher gezählt.

	Kinder, Jugendliche (Preis pro Tag: 5 €)	Erwachsene (Preis pro Tag: 9 €)
1. Woche	2025	1678
2. Woche	2130	1817
3. Woche	2670	1923
4. Woche	2978	1861
5. Woche	3972	1732
6. Woche	4179	1210
Summe:	17960	10221

a) Veranschauliche rechts in einem Säulendiagramm, wie viele Besucher pro Woche im Erlebnisbad waren.

b) Ergänze in der Tabelle unten die Summen.

Besucher
5000 4000 3000 2000 1000 0
1. 2. 3. 4. 5. 6. Woche

Ganze Zahlen addieren und subtrahieren

▲ Grundwissen

- Zwei ganze Zahlen mit gleichen Vorzeichen werden addiert, indem man die Beträge der Zahlen addiert. Das Vorzeichen der Summe ist gleich dem Vorzeichen der beiden Summanden.

  Beispiele: $+14 + (+63) = +(14 + 63) = 77$ $-22 + (-33) = -(22 + 33) = -55$

- Zwei ganze Zahlen mit verschiedenen Vorzeichen werden addiert, indem man die Beträge bildet und den kleineren Betrag vom größeren subtrahiert. Das Vorzeichen der Summe ist gleich dem Vorzeichen der Zahl mit dem größeren Betrag.

  Beispiele: $+14 + (-63) = -(63 - 14) = -49$ $-22 + (+33) = +(33 - 22) = 11$

- Man subtrahiert eine ganze Zahl, indem man ihre Gegenzahl addiert.

  Beispiele: $+14 - (+63) = +14 + (-63) = -49$ $-22 - (-33) = -22 + (+33) = 11$

Trainieren

1 Addiere.

a) $+380 + (+40) = 420$
b) $-50 + (-723) = -773$
c) $+66 + (+78) = 144$
d) $-61 + (-534) = -595$
e) $-97 + (+50) = -47$
f) $+50 + (-87) = -37$
g) $+606 + (-77) = 529$
h) $-45 + (-90) = -135$
i) $-333 + (+83) = -250$

2 Subtrahiere.

a) $+387 - (+40) = 347$
b) $+20 - (-803) = 823$
c) $-660 - (+120) = -780$
d) $-61 - (-401) = 340$
e) $+97 - (+50) = 47$
f) $-30 - (-87) = 57$
g) $-606 - (+77) = -683$
h) $-45 - (+90) = -135$
i) $-30 + (-87) = -117$

3 Setze passende Rechenzeichen ein.

a) $+40 \;[+]\; (-80) \;[+]\; (-20) = -60$
b) $-77 \;[+]\; (+17) \;[-]\; (-30) = -30$
c) $-100 \;[+]\; (-80) \;[+]\; (-9) = -189$
d) $-45 \;[-]\; (-45) \;[+]\; (-3) = -3$
e) $+23 \;[-]\; (-53) \;[-]\; (+13) = 63$
f) $+75 \;[+]\; (-85) \;[+]\; (-25) = -35$

4 Ergänze die fehlenden Zahlen in den Additionsmauern.

Additionsmauer 1:
- -4
- $-5 \quad +1$
- $-19 \quad +14 \quad -13$
- $-31 \quad +12 \quad +2 \quad -15$
- $-34 \quad +3 \quad +9 \quad -7 \quad -8$

Additionsmauer 2:
- $+89$
- $+134 \quad -45$
- $+185 \quad -51 \quad +6$
- $+262 \quad -77 \quad +53 \quad -20$
- $+392 \quad -130 \quad +26 \quad -27 \quad +7$

Anwenden und Vernetzen

5 Frau Schmidt hat am Monatsanfang 1 755 € auf ihrem Konto. Im Laufe des Monats gab es folgende Kontobewegungen:
eine Abhebung von 225,00 € und eine von 150,00 € am Geldautomaten; eine Einzahlung von 950,00 €; eine Abbuchung der Miete von 325,00 € und eine Rückzahlung vom Finanzamt von 115 € für zu viel gezahlte Steuerbeträge. Kann Frau Schmidt am Monatsende die 2 300 € teure Sitzecke vom Geld auf dem Konto bezahlen?

$1755 € + (-225 €) + (-150 €) + (+950 €) + (-325 €) + (+115 €) = 2120 €$ $2120 € < 2300 €$

Frau Schmidt hat am Monatsende 2 120 € auf dem Konto, damit kann die Sitzecke nicht bezahlt werden.

6 Andrea, Manja, Sven und Martin haben Karten gespielt. Alle bemühten sich um möglichst viele Punkte. Wer belegt welchen Platz?

Andrea:	36 Minuspunkte;	18 Pluspunkte;	60 Pluspunkte
Manja:	18 Pluspunkte;	33 Minuspunkte;	36 Minuspunkte
Sven:	54 Minuspunkte;	48 Minuspunkte;	81 Pluspunkte
Martin:	88 Pluspunkte;	44 Minuspunkte;	54 Minuspunkte

Andrea hat insgesamt 42 Pluspunkte, Manja 51 Minuspunkte, Sven 21 Minuspunkte und Martin 10 Minuspunkte.

Wenn der oder die mit der höchsten Punktzahl gewinnt, ist Andrea die Siegerin.

Wenn der oder die mit der höchsten Anzahl an Siegerrunden gewinnt, ist Andrea die Siegerin.

7 Zeichne Wege vom Start zum Ziel ein, die jeweils von einem Kästchen in ein benachbartes Kästchen führen (z. B. von +12 entweder zu -24 oder zu -32). Durchlaufe kein Kästchen mehrmals.
Hinweis: Nutze ein zusätzliches Blatt. Bleistift und Radiergummi.

Start	+12	-24	+8	-5	+1	-9	-13
	-32	+14	-4	+6	-12	+8	-12
	+28	+16	+11	+1	-10	-5	-20
	-4	-3	-13	+11	-4	+2	-13
	-8	-10	+16	-20	+10	-22	13	Ziel

a) Finde einen Weg, der am Ziel eine Summe mit einem möglichst kleinen Betrag liefert.
$+12 + (-24) + (+14) + (-4) + (+11) + (-13) + (+16) + (-20) + (+11) + (-4) + (+10) + (-22) + (+13) = 0$

b) Finde einen Weg, der am Ziel die Summe -30 liefert.
$+12 + (-32) + (+14) + (+16) + (-3) + (-10) + (+16) + (-20) + (+11) + (+1) + (-10) + (-5) + (-20) + (-13) + (+13) = $

c) Finde einen Weg, der das Ergebnis -21 liefert, wenn jeweils die Zahl des durchlaufenen Kästchens vom letzten Ergebnis subtrahiert wird. Der erste Minuend ist +12.
$+12 - (-32) - (+28) + (+16) - (+11) - (+1) + (-4) - (+2) - (-13) - (+13) = $

Parallel und senkrecht zueinander

▶ Grundwissen

• Die Geraden g und h

schneiden _____

einander.

• Die Geraden i und k

sind senkrecht

zueinander (i ⊥ k).

• Die Geraden o und p

sind parallel

zueinander (o ∥ p).

▶ Auftrag: Vervollständige die drei Sätze.

Trainieren

1 Arbeite mit dem Geodreieck.

a) Welche der Geraden bzw. Strecken sind senkrecht zueinander?

a ⊥ b; g ⊥ i; g ⊥ c

b) Welche der Geraden bzw. Strecken sind parallel zueinander?

c ∥ i

b ∥ e

2 Zeichne rechts ein ...

a) die Senkrechte zu AB durch den Punkt B

b) die Senkrechte zu AB durch den Punkt C

c) die Gerade AC

d) die Parallele zu AC durch den Punkt B

e) die Parallele zu AB durch den Punkt C

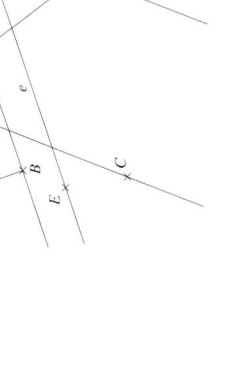

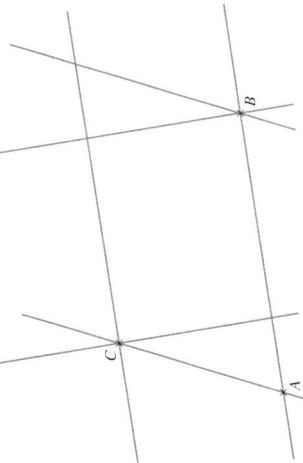

Anwenden und Vernetzen

3 Unterscheide zwischen Foto und Original

a) Auf dem Foto sind zwei Baumreihen zu sehen.
Sind diese parallel zueinander?
Sind die Wegränder parallel zueinander?

Vermutlich sind vor Ort sowohl die Baumreihen als

auch die Wegreihen relativ parallel zueinander.

Jedoch auf dem Foto ist dies nicht nachmessbar.

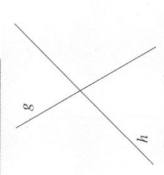

b) Ein gerades Stück Weg ist 15 m lang. Parallel zu diesem Weg werden links und rechts Bäume gepflanzt.
Der Weg ist ca. 25 dm Meter breit. Der Abstand der Bäume in einer Baumreihe beträgt jeweils rund 5 m.
Der Abstand der Bäume zum Wegrand beträgt 130 cm.
Veranschauliche die Situation mit Blick von oben in einer Zeichnung. Wähle 1 cm für 1 m.

Wie viele Bäume wären für ein doppelt so langes Stück Weg erforderlich?   14 Bäume

4 Setze durch Zeichnen von Senkrechten und Parallelen folgende Muster bis zum rechten Rand fort.
Zusatzaufgabe: Male die entstandenen Bandornamente farbig aus.   z. B.

Vierecke

▶ Grundwissen

- Jedes Viereck mit vier gleich langen Seiten und vier rechten Winkeln ist   ein Quadrat.
- Jedes Viereck mit vier gleich langen Seiten ist   eine Raute (ein Rhombus).
- Jedes Viereck mit vier rechten Winkeln ist   ein Rechteck.
- Jedes Viereck mit zwei Paaren paralleler Seiten ist   ein Parallelogramm.
- Jedes Viereck mit einem Paar paralleler Seiten ist   ein Trapez.
- Jedes Viereck mit zwei Paaren gleich langer benachbarter Seiten ist   ein Drachenviereck.

▶ Auftrag: Ergänze die Sätze. Trage jede Bezeichnung genau einmal ein.

Trainieren

1 Je zwei Seiten eines Vierecks sind gegeben. Ergänze zuerst die fehlenden Seiten und zeichne danach die Diagonalen ein.

a) Raute b) Rechteck c) Quadrat

d) Drachenviereck e) Trapez f) Parallelogramm

2 Benennen von Vierecken

a) Kreuze jeweils alle zutreffenden Bezeichnungen an.

	①	②	③	④	⑤	⑥	⑦	⑧
Quadrat		×						
Rechteck		×					×	
Parallelogramm		×		×	×		×	
Raute				×	×	×	×	
Trapez		×	×	×	×	×	×	
Drachenviereck	×		×	×	×	×	×	
Viereck	×	×	×	×	×	×	×	×

b) Wodurch unterscheidet sich eine Diagonale des Vierecks ⑧ von allen anderen?

Eine Diagonale verläuft außerhalb des Vierecks ⑧.

Anwenden und Vernetzen

3 Haus der Vierecke

a) Ein Pfeil steht für „ist auch". z. B.:
Eine Raute „ist auch" ein Drachenviereck.
Ergänze die fehlenden Pfeile.

b) Beschreibe die Lage der Diagonalen im Drachenviereck.
z. B.
Die Diagonalen im Drachenviereck stehen senkrecht   zueinander.

Sie schneiden einander in einem rechten Winkel.

Eine Diagonale halbiert die andere Diagonale.

4 Gib jeweils die Anzahl der entsprechenden Vierecke in der Figur an.

Quadrate: 4   Parallelogramme: 17
Rechtecke: 16   Drachenvierecke: 6
Rauten: 5

5 Ole möchte aus zwei Leisten und einem großen Bogen farbigem Papier einen Drachen bauen.
Die Leisten sind 50 cm bzw. 80 cm lang.
Die kürzere Leiste soll etwa 25 cm von der Spitze entfernt angebracht werden.
Der Bogen Papier ist 47 cm breit und 80 cm lang.
Untersuche, ob die vorhandenen Leisten und das Papier, so wie sie sind, für den Bau seines Drachens verwendet werden können. Zum Ausprobieren sind zwei Bogen vorgegeben.

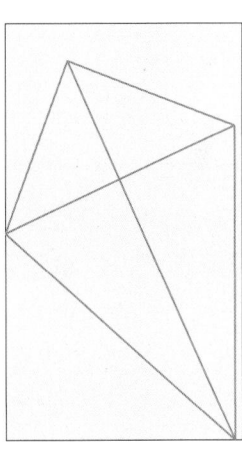

Zwei Bogen farbiges Papier 80 cm × 47 cm

Die Leisten und das Papier können, so wie sie sind, für den Bau des Drachens verwendet werden.

Koordinaten

▶ Grundwissen

- Ein Koordinatensystem besteht aus zwei zueinander senkrechten Achsen, der x-Achse und der y-Achse.
- Jede Achse ist gleichmäßig unterteilt.
- Jeder Punkt P kann mit seinen Koordinaten $P(x|y)$ angegeben werden.

Beispiel: A (3 | 2)

▶ Auftrag: Gib die Koordinaten vom Punkt A an.

Trainieren

1 Vervollständige die Angaben zu den im Koordinatensystem eingezeichneten Punkten.

A (1 | 3)   B (5 | 4)
C (6 | 5)   D (2 | 6)
E (2 | 0)   F (1 | 4)
G (1 | 2)   H (2 | 5)
I (1 | 1)   S (0 | 2)
L (5 | 1)   K (0 | 5)
N (1 | 5)   O (3 | 4)
P (2 | 3)   M (5 | 0)

2 Zeichne die Punkte in das Koordinatensystem ein.

A (2 | 3)   B (6 | 1)
C (10 | 3)   D (12 | 7)
E (10 | 11)   F (2 | 11)
G (0 | 7)   H (4 | 7)
I (6 | 5)   K (6 | 9)
L (8 | 7)   M (6 | 12)

Zusatzaufgabe: Was fällt dir auf?

Das entstandene Muster ist achsensymmetrisch.

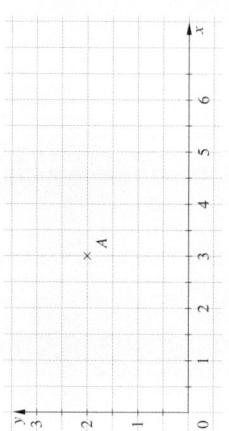

Anwenden und Vernetzen

3 ...im Koordinatensystem

a) Trage folgende Punkte ins Koordinatensystem ein. Verbinde die Punkte in alphabetischer Reihenfolge und den Punkt M mit dem Punkt A.

A (2 | 2)   H (7 | 8)   L (3 | 5)
E (10 | 7)   J (6 | 7)   G (9 | 8)
F (8 | 7)   C (12 | 5)   M (1 | 5)
B (11 | 2)   K (3 | 7)   D (10 | 5)

b) Welche Strecken verlaufen parallel zur x-Achse?

AB; CD; EF; GH; JK; LM

c) Welche Strecken verlaufen parallel zur y-Achse?

DE; KL

4 Eine Schnecke kriecht vom Punkt A (2|2) zum Punkt B (10|2) in 4 Minuten. Der Weinstock mit den leckeren Beeren befindet sich am Punkt C (4|10). Dorthin kriecht sie danach. Die Schnecke hat stets die gleiche Geschwindigkeit. Wie viele Minuten kriecht die Schnecke insgesamt?

Sie kriecht insgesamt 9 Minuten.

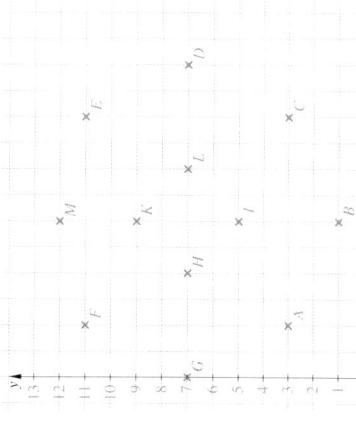

5 Orientierung auf einem Stadtplan

a) Überprüfe folgende Angaben und berichtige diese gegebenenfalls.

Die Kirche liegt im Planquadrat 3C.   ja

Die Schule liegt im Planquadrat 21.   nein (2A)

Der Bahnhof liegt im Planquadrat 5D.   ja

Der Sportplatz liegt im Planquadrat 1D. nein (4A)

In 16 Planquadraten gibt es Bäume.   ja (20 − 4 = 16)

b) Welche Planquadrate sind zu durchqueren, wenn man auf dem kürzesten Weg von der Schule zum Bahnhof geht?

2A; 3A; 4A; 4B; 5C; 5D

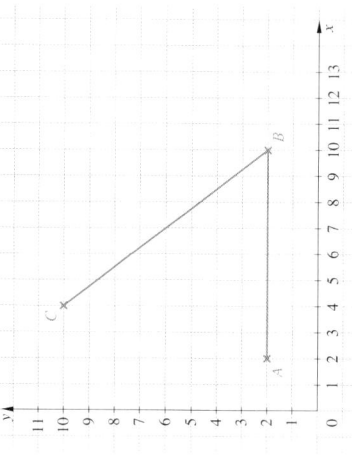

Im Kopf multiplizieren und dividieren

▶ Grundwissen

- Multiplizieren bedeutet so viel wie __malnehmen, vervielfachen,...__
- Dividieren bedeutet so viel wie __teilen, aufteilen, verteilen, ...__
- Beim Multiplizieren dürfen Faktoren vertauscht werden. Dadurch ändert sich das __Produkt__ nicht.

▶ Auftrag: Trage folgende Begriffe an den richtigen Stellen ein:
teilen;   verteilen;   malnehmen;   Produkt;   vervielfachen;   aufteilen.

Trainieren

1 Schreibe die Rechenausdrücke auf und berechne.

a) Multipliziere 3 mit 5. $3 \cdot 5 = 15$

b) Halbiere 8. $8 : 2 = 4$

c) Dividiere 12 durch 3. $12 : 3 = 4$

d) Verdreifache 7. $7 \cdot 3 = 21$

2 Multipliziere.

a) $30 \cdot 4 = 120$

b) $20 \cdot 80 = 1600$

c) $66 \cdot 10 = 660$

d) $11 \cdot 4 = 44$

e) $17 \cdot 2 = 34$

f) $3 \cdot 25 = 75$

g) $6 \cdot 13 = 78$

h) $45 \cdot 4 = 180$

3 Dividiere.

a) $35 : 5 = 7$

b) $160 : 8 = 20$

c) $60 : 15 = 4$

d) $540 : 90 = 6$

e) $81 : 9 = 9$

f) $420 : 2 = 210$

g) $80 : 80 = 1$

h) $400 : 5 = 80$

4 Ergänze die fehlenden Zahlen in den Multiplikationsmauern.

Mauer 1:

```
            6480
        120      54
      20    6    9
    10   2    3    3
   5   2   1    3   1
```

Mauer 2:

```
          24000000
       4000      6000
     40    100    60
    4   10    10    6
   2   2    5    2   3
```

5 Ergänze die Tabelle.

a	12	80	36	11	18	25	330	81
b	3	2	3	11	6	5	11	3
$a \cdot b$	36	160	108	121	108	125	3630	243
$a : b$	4	40	12	1	3	5	30	27

Anwenden und Vernetzen

6 Lösen von Zahlenrätseln

a) Mit welcher Zahl ist 8 zu multiplizieren, um 96 zu erhalten?   12

b) Durch welche Zahl ist 153 zu teilen, um 17 zu erhalten?   9

c) Durch welche Zahl ist 175 zu dividieren, um 25 zu erhalten?   7

d) Mit welcher Zahl ist 13 zu vervielfachen, um 65 zu erhalten?   5

e) Das Produkt welcher 3 aufeinander folgender Zahlen ist 720?   8; 9; 10

f) Das Produkt zweier Zahlen ist 154. Finde möglichst viele Lösungen.

$7 \cdot 22 = 154;\ 14 \cdot 11 = 154;\ 77 \cdot 2 = 154;\ 154 \cdot 1 = 154$

$(22 \cdot 7 = 154;\ 11 \cdot 14 = 154;\ 2 \cdot 77 = 154;\ 1 \cdot 154 = 154)$

7 Eine Fluggesellschaft hat 31 989 Buchungen für Flüge zu den Olympischen Spielen. Sie will 6 Jumbojets mit je 350 Plätzen einsetzen. Jeder Jumbojet soll 15-mal fliegen. Funktioniert dieser Plan?

$6 \cdot 350 \cdot 15 = 31\,500$

Nein, 489 Buchungen können nicht berücksichtigt werden (wenn nichts storniert wird).

8 In einem Automobilwerk laufen stündlich rund 90 Autos vom Montageband. Die Monteure arbeiten an fünf Tagen in der Woche, in drei Schichten zu je acht Stunden.

a) Wie viele Autos laufen in einer Woche vom Montageband?

$90 \cdot 5 \cdot 3 \cdot 8 = 10\,800$ 10 800 Autos laufen in einer Woche vom Montageband.

b) Schätze ab, wie viele Autos in einem Jahr hergestellt werden können.

Zwischen 520 000 Autos $(52 \cdot 10000)$ und 575 000 Autos $(52 \cdot 11000)$ können in einem Jahr hergestellt werden.

9 Ein rechteckiger Fußboden eines Bades soll gefliest werden. Von den großen quadratischen Fliesen passen in eine Reihe 7 Stück und man braucht 15 Reihen. Es werden nur Pakete mit je 12 Fliesen für 5,00 € angeboten. Für eventuellen Verschnitt sind 10 Fliesen übrig bleiben. Für spätere Reparaturen sollen 15 Fliesen übrig bleiben. Berechne danach, wie viel Euro auszugeben sind.

$7 \cdot 15 = 105$ $105 + 15 + 10 = 130$

$130 : 12 = 10 \text{ Rest } 10$ $11 \cdot 5\,€ = 55\,€$

55 € sind für die 11 Pakete mit Fliesen auszugeben.

Schriftlich multiplizieren und dividieren

▶ Grundwissen

Beispiele:

Überschlag: 4 0 0 · 1 0 = 4 0 0 0

```
  3 9 1 · 1 3
  3 9 1
1 1 7 3
  1
5 0 8 3
```

Überschlag: 5 0 0 : 5 0 = 1 0

```
5 4 0 : 4 5 = 1 2
4 5
  9 0
  9 0
    0
```

▶ Auftrag: Ergänze.

Trainieren

1 Ordne mithilfe des Überschlags jeder Aufgabe ihr Ergebnis zu. Zeichne Linien ein.

| 456 · 41 | 6336 : 33 | 941 · 87 | 744 : 12 | 3321 · 78 |

192   1523   259038   18696   81867   62

| 458 · 8 | 7615 : 5 |

1523   3664

2 Überschlage zuerst. Multipliziere danach schriftlich.

a) 5000 · 3 = 15000
```
4 7 8 4 · 3
1 4 3 5 2
```

b) 10000 · 7 = 70000
```
1 3 4 8 9 · 7
9 4 4 2 3
```

c) 70000 · 6 = 420000
```
7 4 4 5 6 · 6
4 4 6 7 3 6
```

d) 60000 · 20 = 120000
```
5 6 4 5 · 2 3
1 1 2 9 0
1 6 9 3 5
1 2 9 8 3 5
```

e) 10000 · 70 = 700000
```
9 6 4 6 · 6 7
5 7 8 7 6
6 7 5 2 2
6 4 6 2 8 2
```

f) 30000 · 50 = 1500000
```
3 0 5 7 9 · 4 5
1 2 2 4 1 6
1 5 1 8 9 5
1 3 7 6 0 5 5
```

3 Überschlage zuerst. Dividiere danach schriftlich.

a) 600 : 6 = 100
```
9 3 6 : 6 = 1 5 6
6
3 3
3 0
  3 6
  3 6
    0
```

b) 4500 : 9 = 500
```
4 7 4 3 : 9 = 5 2 7
4 5
  2 4
  1 8
    6 3
    6 3
      0
```

c) 6000 : 10 = 600
```
5 8 6 3 : 1 3 = 4 5 1
5 2
  6 6
  6 5
    1 3
    1 3
      0
```

Anwenden und Vernetzen

4 In einer Gärtnerei sollen 3648 Kakteen in Kästen zu je acht Stück verpackt werden. Jeder gefüllte Kasten kostet 13,00 €. Berechne, wie viel Euro beim Verkauf aller Kästen eingenommen werden.

```
3 6 4 8 : 8 = 4 5 6
3 2
  4 4
  4 0
    4 8
    4 8
      0
```

```
4 5 6 · 1 3
4 5 6
1 3 6 8
5 9 2 8
```

Beim Verkauf aller Kästen werden 5928 € eingenommen.

5 1260 Paprikaschoten sollen in Netze zu je drei Stück verpackt werden. Jeweils 15 Netze kommen in eine Kiste. Wie viele Kisten werden dafür benötigt?

```
1 2 6 0 : 3 = 4 2 0
1 2
  0 6
    6
    0 0
    0 0
      0
```

```
4 2 0 : 1 5 = 2 8
3 0
1 2 0
1 2 0
    0
```

Es werden 28 Kisten benötigt.

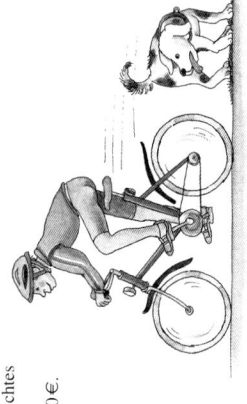
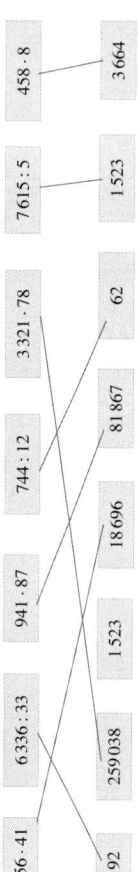

6 Herr Meier erfüllt sich seinen Traum und kauft sich ein sehr leichtes Rennrad zum Preis von 873,00 €. Er erbringt eine Anzahlung von 362,00 € und zahlt den Rest in monatlichen Raten zu 52,00 €. Wie viele Monate zahlt Herr Meier ab, wenn keine Zinsen verlangt werden?

```
  8 7 3      5 1 1 : 5 2 = 9   R 4 3
- 3 6 2      4 6 8
  5 1 1        4 3
```

Herr Meier zahlt das Rennrad in 10 Monaten ab. (873 € − 362 € = 511 €; 511 € : 52 = 9 Rest 43)

7 Ergänze die fehlenden Zahlen. Rechne, wenn nötig, auf einem zusätzlichen Blatt schriftlich.

a) Die Summe in den Spalten, in den Zeilen und in den Diagonalen ist 396.

33	198	165
264	132	0
99	66	231

b) Das Produkt in den Spalten, in den Zeilen und in den Diagonalen ist 4096.

128	1	32
4	16	64
8	256	2

c) Zusatzaufgabe: Das Produkt in den Spalten, in den Zeilen und in den Diagonalen ist 32768.

256	2	64
8	32	128
16	512	4

Rechengesetze

▶ Grundwissen

Beim Anwenden von Rechengesetzen bleibt das Ergebnis stets gleich. Sie dienen in vielen Fällen als Rechenhilfe.

Beispiele:

- Kommutativgesetz (Vertauschungsgesetz) der Addition:
Vertauscht man in einer Summe die Summanden, so ändert sich das Ergebnis nicht.
$501 + 188 = 188 + 501$

- Kommutativgesetz (Vertauschungsgesetz) der Multiplikation:
Vertauscht man in einem Produkt die Faktoren, so ändert sich das Ergebnis nicht.
$11 \cdot 457 = 457 \cdot 11$

- Assoziativgesetz (Verbindungsgesetz) der Addition:
In Summen mit mehreren Summanden kann man in beliebiger Reihenfolge addieren.
$51 + (9 + 18) = (51 + 9) + 18$

- Assoziativgesetz (Verbindungsgesetz) der Multiplikation:
In Produkten mit mehreren Faktoren kann man in beliebiger Reihenfolge multiplizieren.
$25 \cdot (4 \cdot 188) = (25 \cdot 4) \cdot 188$

- Distributivgesetz (Verteilungsgesetz):
Man kann eine Zahl mit einer Summe multiplizieren, indem man diese Zahl mit jedem Summanden multipliziert und die Produkte addiert. Dieses Gesetz kann man auch in umgekehrter Richtung anwenden.
$7 \cdot 32 + 7 \cdot 18 = 7 \cdot (32 + 18)$

▲ Auftrag: Ergänze die Beispiele zu den Rechengesetzen.

Trainieren

1 Rechne, wenn möglich, mithilfe der Rechengesetze vorteilhaft.
Hinweis: Versuche alle Aufgaben im Kopf zu lösen. Nutze gegebenenfalls zum Rechnen ein zusätzliches Blatt.

a) $71 + 10800 = $ $10800 + 71 = 10871$

b) $5408 - 88 = $ 5320

c) $73 + 259 + 27 = $ $(73 + 27) + 259 = 359$

d) $1047 - 80 + 33 = $ $(1047 + 33) - 80 = 1000$

e) $7580 - 75 - 25 = $ $7580 - (75 + 25) = 7480$

f) $501 + 8000 + 125 = $ $8000 + (501 + 125) = 8626$

g) $25 \cdot 101 = $ $101 \cdot 25 = 2525$

h) $1000 : 25 = $ 40

i) $5 \cdot 507 = $ $507 \cdot 5 = 2535$

j) $5 \cdot 507 \cdot 2 = $ $507 \cdot (5 \cdot 2) = 5070$

k) $11 \cdot 4 \cdot 1250 = $ $11 \cdot (4 \cdot 1250) = 55000$

l) $32 \cdot (199 - 188) = $ $32 \cdot (199 - 188) = 32 \cdot 11 = 352$

m) $7 \cdot 32 - 7 \cdot 22 = $ $7 \cdot (32 - 22) = 7 \cdot 10 = 70$

n) $45 \cdot 9 + 25 \cdot 9 = $ $(45 + 25) \cdot 9 = 70 \cdot 9 = 630$

o) $4 \cdot 51 + 9 \cdot 4 = $ $(51 + 9) \cdot 4 = 60 \cdot 4 = 240$

p) $7 \cdot 32 + 7 \cdot 50 + 7 \cdot 18 = $ $7 \cdot (50 + 32 + 18) = 700$

2 Schreibe jeweils mindestens eine Aufgabe auf, die mithilfe des Rechengesetzes schneller gelöst werden kann.
Zusatzaufgabe: Kontrolliert die Vorschläge gegenseitig.

Kommutativgesetz der Addition: individuelle Lösungen

Kommutativgesetz der Multiplikation: individuelle Lösungen

Assoziativgesetz der Addition: individuelle Lösungen

Assoziativgesetz der Multiplikation: individuelle Lösungen

Distributivgesetz: individuelle Lösungen

▪ Anwenden und Vernetzen

3 Emmas Schachmannschaft besteht zurzeit aus 14 Mitgliedern. Zum Jahresabschluss sind noch 303,96 € in der gemeinsamen Kasse.
Jedes Kind außer Emma und Ulf erhält vom Trainer zur Erinnerung ein T-Shirt. Die beiden haben bereits derartige T-Shirts und erhalten deshalb eine Tasche. Der Rest des Geldes soll für den bereits geplanten gemeinsamen Ausflug aufgehoben werden.
Jedes T-Shirt kostet 17,00 € und eine Tasche nur 14,00 €.

Emma rechnet: $303\,96 - 12 \cdot 1700 - 2 \cdot 1400 : 14 = ...$
Sie kommt zu dem Ergebnis, dass für jeden noch 138,00 € zur Verfügung stehen und wundert sich darüber.

Ulf rechnet: $303\,96 - (1700 \cdot 12 + 1400 \cdot 2) : 14 = ...$
Er kommt zu dem Ergebnis, dass für jeden noch rund 327,43 € zur Verfügung stehen und wundert sich darüber.

a) Andere Mitglieder kamen zu folgenden Ergebnissen.
Ermittle mithilfe des Überschlags, welches Ergebnis richtig sein kann. Kreuze entsprechend an.

☐ Anna: 74 ct   ☒ Mina: 514 ct   ☐ Erik: 7.58 €   ☒ Kaya: 14.71 €

b) Verändere mindestens einen der beiden Rechenansätze so, dass man zum richtigen Ergebnis kommt.
Wie viel steht für jedes Mitglied zur Verfügung?

Emma:
$(30396 - 12 \cdot 1700 - 2 \cdot 1400) : 14 = (30396 - 20400 - 2800) : 14 = 7196 : 14 = 514$

Ulf:
$(30396 - (1700 \cdot 12 + 1400 \cdot 2)) : 14 = (30396 - (20400 + 2800)) : 14 = 7196 : 14 = 514$

Für jedes Mitglied stehen noch 5,14 € zur Verfügung.

4 Wahr oder falsch?
Begründe jeweils deine Entscheidung.

a) Vertauscht man in einer Differenz den Minuenden und den Subtrahenden, so ändert sich das Ergebnis nicht.
z. B.
$10,00 € - 6,00 € = 4,00 €$ (4,00 € Guthaben) $6,00 € - 10,00 € = -4,00 €$ (4,00 € Schulden)
☐ wahr   ☒ falsch

b) Vertauscht man in einem Quotienten den Dividenden und den Divisor, so ändert sich das Ergebnis nicht.
z. B.
$10 : 5 = 2$ $5 : 10 = 0,5$
☐ wahr   ☒ falsch

c) Vertauscht man in Differenzen mit mehreren Subtrahenden die Reihenfolge der Subtrahenden und lässt den Minuend unverändert, so ändert sich das Ergebnis nicht.
z. B.
$10 - 5 - 2 = 10 - (5 + 2) = 10 - (2 + 5) = 3$ [allgemein: $a - b - c = a - (b + c) = a - (c + b)$]
☒ wahr   ☐ falsch

d) Vertauscht man in Quotienten mit mehreren Divisoren die Reihenfolge der Divisoren und lässt den Dividenden unverändert, so ändert sich das Ergebnis nicht.
z. B.
$100 : 10 : 2$ $(100 : 10) : 2 = 10 : 2 = 5$ $(100 : 2) : 5 = 50 : 5 = 10$
☐ wahr   ☒ falsch

Flächeninhaltsvergleiche

▶ Grundwissen

Die Größen verschiedener Flächen kann man vergleichen, indem man sie mit gleichen Flächen unterteilt. Solche Flächen können z. B. sein:

DIN-A4-Blätter, gleich große Notizzettel,

Kästchen im Heft, gleich große Hefte, …

▶ Auftrag: Nenne drei mögliche Objekte zum Unterteilen von Flächen.

Trainieren

1 Umrande Figuren, deren Flächen gleich groß sind, mit der gleichen Farbe.

2 Zeichne rechts ein Rechteck, dessen Fläche genauso groß ist wie die Fläche der gegebenen Figur.

z. B.

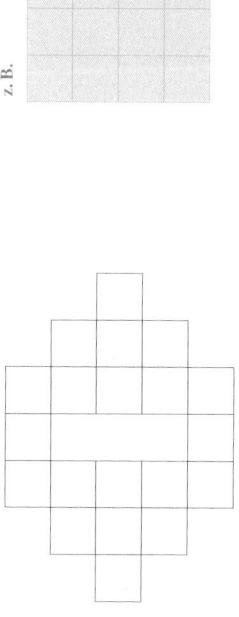

3 Ordne nach der Größe. Beginne mit der kleinsten Fläche.

z. B.
ein kleines Fenster; Lehrertisch; Tür; aufgeklappte Tafel; Fußboden der Turnhalle; Schulhof

aufgeklappte Tafel

Fußboden der Turnhalle

Schulhof

ein kleines Fenster

Tür

Lehrertisch

Anwenden und Vernetzen

4 Ermittle, wie viele Quadrate an den hellen Stellen noch einzuzeichnen sind. Welche der Stellen ist am größten?

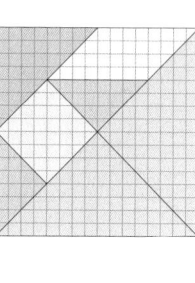

14 Quadrate _____   17 Quadrate _____   18 Quadrate _____   17 Quadrate _____

Die dritte Stelle ist am größten.

5 Zerlege die Figur zuerst in zwei, danach in drei und zuletzt in vier deckungsgleiche Teilfiguren (d. h. in Figuren mit gleicher Form und gleicher Größe).

zwei deckungsgleiche Teilfiguren   drei deckungsgleiche Teilfiguren   vier deckungsgleiche Teilfiguren

6 Die Figuren unten wurden aus den Teilen eines chinesischen Tangrams gelegt. Ein Tangram ist einfach herzustellen. Übertrage dazu die rechte Figur auf Karopapier. Schneide die Teilflächen aus. Lege die Figuren. Notiere deine Lösung, indem du entsprechende Linien in die abgebildeten Figuren einzeichnest.

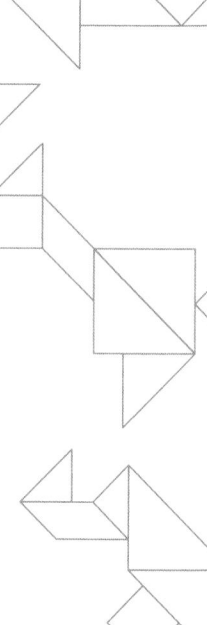

Flächeninhalte von Rechtecken und Einheiten

▶ **Grundwissen**

• Beim Umrechnen der Flächeneinheiten in die nächstkleinere Einheit wird mit 100 multipliziert.

Einheiten	Umrechnung	
Quadratmillimeter (mm²)		
Quadratzentimeter (cm²)	1 cm² = 100	mm²
Quadratdezimeter (dm²)	1 dm² = 100	cm²
Quadratmeter (m²)	1 m² = 100	dm²
Ar (a)	1 a = 100	m²
Hektar (ha)	1 ha = 100	a
Quadratkilometer (km²)	1 km² = 100	ha

1 cm² · 1 cm

• Der Flächeninhalt eines Rechtecks kann berechnet werden, indem das Produkt aus der Länge a und der Breite b des Rechtecks gebildet wird.

$$A = a \cdot b$$
$$A = 3\,cm \cdot 2\,cm = 6\,cm^2$$

Beispiel:

[Raster: 3 cm / 2 cm]

▶ **Auftrag:** Ergänze die Umrechnungen und die Rechnung.

Trainieren

1 Gib die Flächeninhalte der Figuren in Quadratmillimeter und in Quadratzentimeter an.

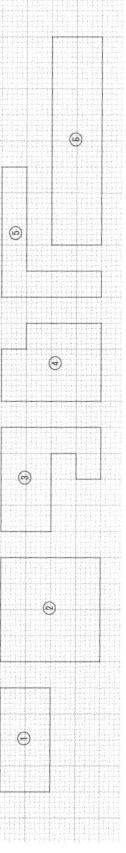

Figur 1 und 5: 200 mm² = 2 cm²; Figur 2 und 6: 400 mm² = 4 cm²; Figur 3 und 4: 275 mm² = 2,75 cm²

2 Rechne in die nächstkleinere Einheit um.
a) 12 cm² = 1 200 mm²
b) 5 dm² = 500 cm²
c) 3 m² = 300 dm²
d) 0,4 m² = 40 dm²
e) 8,7 ha = 870 a
f) 0,6 km² = 60 ha
g) 1,8 m² = 180 dm²
h) 0,9 a = 90 m²
i) 1,6 cm² = 160 mm²

3 Rechne in die nächstgrößere Einheit um.
a) 300 cm² = 3 dm²
b) 8 900 mm² = 89 cm²
c) 2 800 dm² = 28 m²
d) 880 a = 8,80 ha
e) 25 dm² = 0,25 m²
f) 700 cm² = 7 dm²
g) 104 dm² = 1,04 m²
h) 87 ha = 0,87 km²
i) 0,6 m² = 0,006 a

Anwenden und Vernetzen

4 Hanna und Marie haben 8 m Drahtzaun und vier Pfosten, daraus wollen sie für ihr Meerschweinchen ein rechteckiges Gehege bauen. Beide haben bereits Lösungsmöglichkeiten gezeichnet.

a) Zeichne zuerst auf, wie du ein entsprechendes möglichst großes Gehege anlegen würdest. Berechne danach die Größe aller drei Flächen für das Meerschweinchen.
Hinweis: 1 cm soll 1 m entsprechen.

Vorschlag 1: [3 m · 1 m]   Vorschlag 2: [2,5 m · 1,5 m]   Vorschlag 3: z. B. [2,5 m · 2 m]

Die Fläche ist 3 ___ m² groß.   Die Fläche ist 3,75 ___ m² groß.   Die Fläche ist 4 ___ m² groß.

b) Hanna kam auf die Idee, als eine Seite des Geheges die Garagenwand zu nutzen. Zeichne zuerst auf, wie du ein entsprechendes möglichst großes Gehege anlegen würdest. Berechne danach die Größe aller drei Flächen für das Meerschweinchen.
Hinweis: 1 cm soll 1 m entsprechen.

Vorschlag 1: [3 m · 2 m]   Vorschlag 2: [3 m · 2,5 m]   Vorschlag 3: z. B. [4 m · 2 m]

Die Fläche ist 6 ___ m² groß.   Die Fläche ist 7,5 ___ m² groß.   Die Fläche ist 8 ___ m² groß.

5 Ermittle die Flächeninhalte einer Seite dieses Heftes und einer Doppelseite. Gib jedes Ergebnis in zwei Einheiten an.

Flächeninhalt einer Seite:
210 mm · 297 mm = 62 370 mm² = 623,70 cm² = 6,2370 dm²

Flächeninhalt einer Doppelseite:
2 · (210 mm · 297 mm) = 124 740 mm² = 1 247,40 cm² = 12,4740 dm²

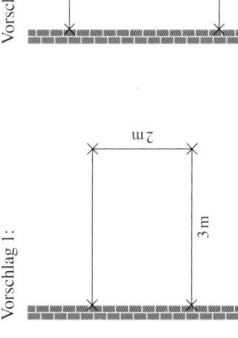

Umfang

▶ Grundwissen

Der Umfang eines Vielecks ist die Summe der Längen aller Seiten des Vielecks.

Beispiele: Rechteck

Vieleck

$u = 2 \cdot a + 2 \cdot b = 2 \cdot (a + b)$

$u = 6\,\text{cm}$

$u = a + b + c + d + e$

$u = 5{,}7\,\text{cm}$

▶ Auftrag: Gib den Umfang u an.

Trainieren

1 Ermittle die Umfänge. Miss dafür die benötigten Seitenlängen.

a)

b)

c)

d)

10 cm 9 cm

2 Ordne jeder Figur einen der folgenden gerundeten Umfänge zu.

a) b) c) d)

8 cm 8 cm 10 cm 12 cm 8 cm 12 cm 10 cm

3 Es sind die Seitenlängen a und b von Rechtecken gegeben.

a) Welche der Rechtecke haben den gleichen Umfang?

Rechteck ①: $a = 20\,\text{cm};\ b = 8\,\text{cm};\ u = 56\,\text{cm}$

Rechteck ②: $a = 4\,\text{cm};\ b = 6\,\text{dm};\ u = 128\,\text{cm}$

Rechteck ③: $a = 32\,\text{cm};\ b = 32\,\text{cm};\ u = 128\,\text{cm}$

Rechteck ④: $a = 8\,\text{cm};\ b = 25\,\text{mm};\ u = 21\,\text{cm}$

Rechteck ⑤: $a = 1{,}5\,\text{cm};\ b = 9\,\text{cm};\ u = 21\,\text{cm}$

Rechteck ⑥: $a = 2{,}5\,\text{cm};\ b = 9\,\text{cm};\ u = 23\,\text{cm}$

Den gleichen Umfang haben einerseits Rechteck ② und ④ sowie andererseits Rechteck ③ und ⑥.

b) Gib drei Beispiele für Seitenlängen von Rechtecken mit einem Umfang von 16 m an.
z. B.
$a = 4\,\text{m}$ und $b = 4\,\text{m};\ a = 3\,\text{m}$ und $b = 5\,\text{m};\ a = 2\,\text{m}$ und $b = 6\,\text{m};\ a = 1\,\text{m}$ und $b = 7\,\text{m};\ a = 2{,}5\,\text{m}$ und $b = 5{,}5\,\text{m}$

Anwenden und Vernetzen

4 Ein 40 m langes rechteckiges Grundstück soll mit einem Holzzaun eingezäunt werden. Die Handwerker benötigen insgesamt 117 m Holzzaun, wobei die drei Meter lange Einfahrt frei bleibt. Wie breit ist das Grundstück?

Umfang des Grundstücks: $117\,\text{m} + 3\,\text{m} = 120\,\text{m}$

Breite: $(120\,\text{m} - 2 \cdot 40\,\text{m}) : 2 = 20\,\text{m}$

Das Grundstück ist 20 m breit.

5 Seitenumfang des Arbeitsheftes

a) Ermittle den Umfang einer Seite dieses Arbeitsheftes. Runde sinnvoll.

$21\,\text{cm} + 29{,}7\,\text{cm} + 21\,\text{cm} + 29{,}7\,\text{cm} = 101{,}4\,\text{cm} = 10{,}14\,\text{dm} = 1{,}014\,\text{m}$

b) Ermittle den Umfang einer Doppelseite dieses Arbeitsheftes? Gib diesen in mehreren Einheiten an.

$42\,\text{cm} + 29{,}7\,\text{cm} + 42\,\text{cm} + 29{,}7\,\text{cm} = 143{,}4\,\text{cm} = 14{,}34\,\text{dm} = 1{,}434\,\text{m}$

c) Nina sagt: „Das ganze Arbeitsheft hat einen Umfang von rund 60 Seiten." Was meint sie damit?

Das Wort Umfang kann in der Umgangssprache unterschiedlich verstanden werden.

Sie meint die Anzahl der Seiten im Arbeitsheft.

6 Eine Gruppe rennt beim 2 000-m-Lauf jeweils auf dem Weg um das abgebildete rechteckige Schulgelände. Wie viele Runden sind zu laufen? Zusatzaufgabe: Schätze, wie lange die Gruppe läuft. ca. 10 bis 20 min.

80 m

120 m

Umfang des Geländes: $80\,\text{m} + 120\,\text{m} + 80\,\text{m} + 120\,\text{m} = 400\,\text{m}$

Runden: $2000\,\text{m} : 400\,\text{m} = 5$

5 Runden sind zu laufen.

7 Ein rechteckiges Grundstück ist 800 m² groß. Die Straßenfront ist 25 m lang.

a) Wie weit reicht das Grundstück nach hinten?

$800\,\text{m}^2 : 25\,\text{m} = 32\,\text{m}$

32 m reicht das Grundstück nach hinten.

b) Im Abstand von 1 m zu allen Grundstücksgrenzen soll eine Lebensbaum-Hecke gepflanzt werden. Somit ist alle 50 cm ein Lebensbaum zu setzen. Am Tor an der Straßenfront werden 5 m ohne Hecke sein. Reichen 200 Lebensbäume dafür aus?

$30\,\text{m} + 23\,\text{m} + 30\,\text{m} + (23\,\text{m} - 5\,\text{m}) = 101\,\text{m}$ $101\,\text{m} = 10100\,\text{cm}$ $10100\,\text{cm} : 50\,\text{cm} = 202$

200 reichen dafür eigentlich nicht. (Wenn genau alle 50 cm gepflanzt wird, benötigt man 203 Lebensbäume.

Wird im Abstand von 50,50 cm gepflanzt, reichen 200 Lebensbäume - man wird es der Hecke nicht ansehen.)

Körpernetze

▶ Grundwissen

Das flach ausgebreitete zusammenhängende Gebilde der Begrenzungsflächen eines Körpers bezeichnet man als Netz des Körpers.

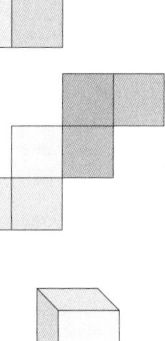

▶ Auftrag: Streiche die Figur durch, die kein Körpernetz des links abgebildeten Würfels sein kann.

Trainieren

1 Körpernetze von Quadern

① ② ③ ④ ⑤ ⑥

a) Welche der Figuren von 1 bis 6 sind keine Quadernetze?   2 und 6

b) Färbe bei den Quadernetzen die Seitenflächen gleichfarbig, die am Quader einander gegenüberliegen.

2 Welche Körper gehören zu den Körpernetzen? Ordne zu.

Pyramide   Quader   Würfel

Quader   Würfel   Pyramide

Anwenden und Vernetzen

3 Bei Spielwürfeln ist die Summe von zwei gegenüberliegenden Zahlen stets 7.

a) Welche Zahlen liegen einander gegenüber?

Gegenüber der 6 liegt die   1.   Gegenüber der 5 liegt die   2.

Gegenüber der 4 liegt die   3.   Gegenüber der 3 liegt die   4.

Gegenüber der 2 liegt die   5.   Gegenüber der 1 liegt die   6.

b) Begründe, warum nur vier der abgebildeten Würfelnetze zu Spielwürfeln gehören. Zeichne bei den Spielwürfeln die fehlenden Augenzahlen ein.

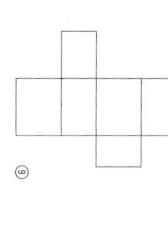
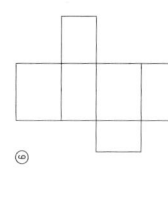
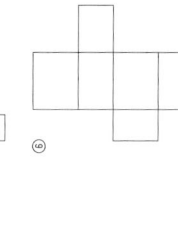

kein Spielwürfel

c) Können die Netze zum abgebildeten Würfel gehören? Kreuze an.

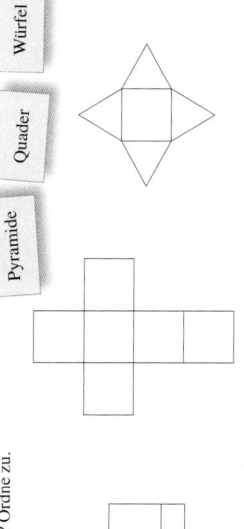

☒ ja   ☐ nein   ☐ ja   ☒ nein   ☒ ja   ☐ nein   ☒ ja   ☐ nein

4 In der Abbildung sind Quadernetze versteckt. Zeichne jedes in einer anderen Farbe nach. Hinweis: Insgesamt sind es sieben Körpernetze.

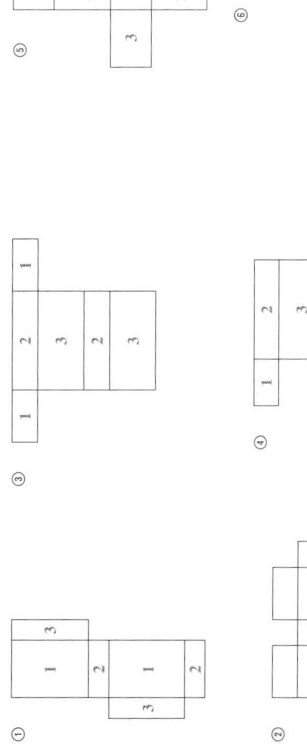

Schrägbilder

▶ Grundwissen

1. Vorderfläche zeichnen.

2. Zeichne nach hinten verlaufende Kanten auf den Kästchendiagonalen. (1 Kästchendiagonale ≙ 1 cm)

3. Hintere Eckpunkte miteinander verbinden und verdeckte Kanten stricheln.

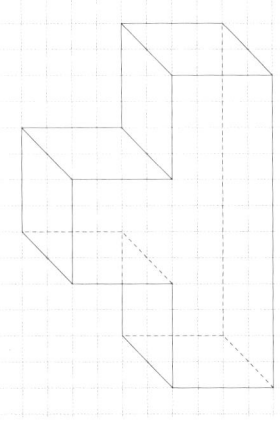

▶ Auftrag: Zeichne jeweils das zugehörige Stadium vom Schrägbild eines Quaders mit 1,5 cm Kantenlänge an der Vorderfläche und 1 cm Tiefe.

Trainieren

1 Die folgenden Schrägbilder gehören zu Quadern.

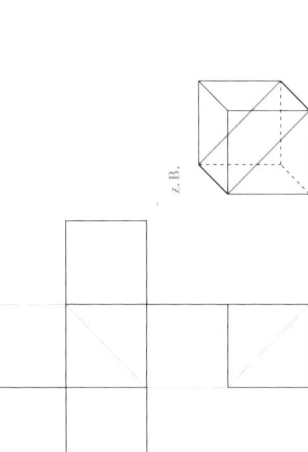

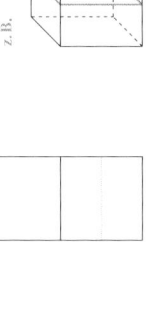

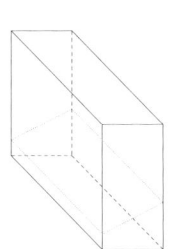

a) Verbinde jeweils die Schrägbilder des gleichen Quaders mit der gleichen Farbe.
b) Wie lang sind die Kanten der Quader in Wirklichkeit?

Quader A: 2 cm; 3 cm; 3 cm   Quader B: 2 cm; 3 cm; 4 cm

2 Vervollständige die angefangenen Schrägbilder von Quadern.

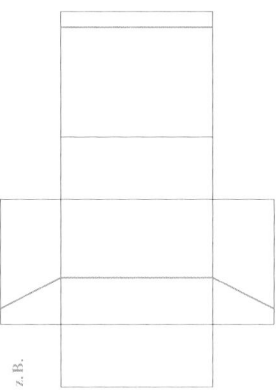

Anwenden und Vernetzen

3 Ein Platz auf der Siegertreppe ist für viele Sportler das Größte. Oft werden die Siegertreppen aus mehreren Körpern gebaut. Hier ist die Treppe aus Würfeln mit 4 dm Kantenlänge zusammengesetzt worden. Es ist ein Modell eines Bastlers. Zeichne das Schrägbild dieser Siegertreppe. Beachte nur die Außenkanten der Treppe.
Hinweis: 1 cm soll 2 dm entsprechen.

4 Übertrage jeweils die im Würfelnetz eingezeichneten „Wege" ins Schrägbild des Würfels.

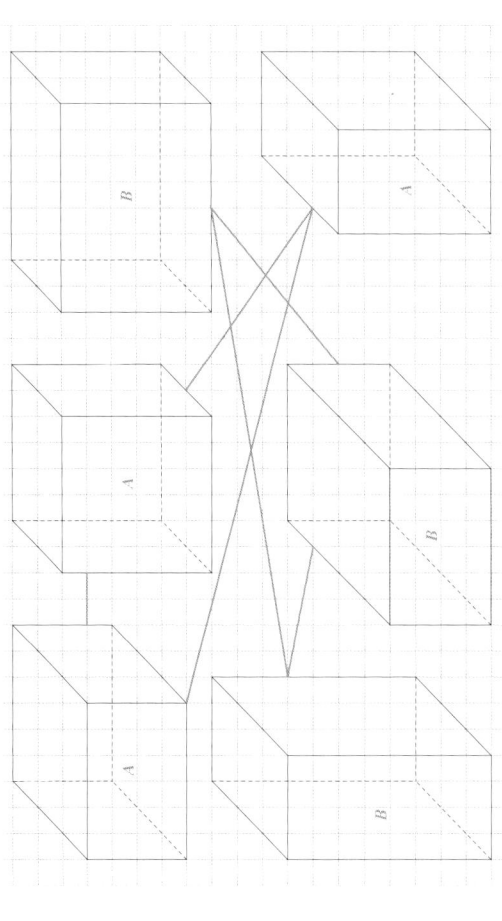

z.B.

5 Ein Quader wurde zerschnitten. Übertrage die Schnittlinie in das Netz des Quaders.

z.B.

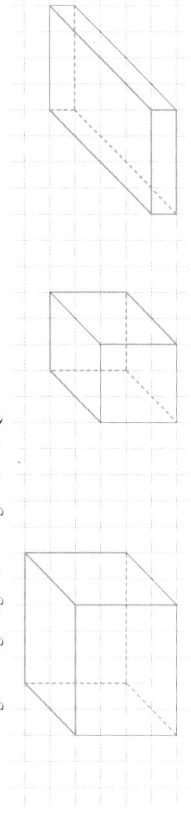

Oberflächeninhalte

▶ Grundwissen

Der Oberflächeninhalt eines Körpers ist die Summe der Flächeninhalte seiner Begrenzungsflächen.

Beispiel:

$O = 2 \cdot 2\,cm \cdot 3\,cm + 2 \cdot 1\,cm \cdot 3\,cm + 2 \cdot 2\,cm \cdot 1\,cm = 12\,cm^2 + 6\,cm^2 + 4\,cm^2 = 22\,cm^2$

▶ Auftrag: Ermittle mithilfe des Körpernetzes den Oberflächeninhalt des Quaders.

Trainieren

1 Ermittle den Oberflächeninhalt.

a) Würfel mit 3 cm langen Kanten

$6 \cdot 3\,cm \cdot 3\,cm = 54\,cm^2$

b) Quader mit 2 cm, 4 cm und 6 cm langen Kanten

$2 \cdot 2\,cm \cdot 4\,cm + 2 \cdot 4\,cm \cdot 6\,cm + 2 \cdot 2\,cm \cdot 6\,cm$
$= 16\,cm^2 + 48\,cm^2 + 24\,cm^2 = 88\,cm^2$

2 Berechne den Oberflächeninhalt.

a) Würfel: $a = 5\,cm$

$6 \cdot 5\,cm \cdot 5\,cm = 150\,cm^2$

b) Quader: $a = 10\,mm$; $b = 2{,}5\,cm$; $c = 4\,cm$

$2 \cdot 1\,cm \cdot 2{,}5\,cm + 2 \cdot 4\,cm \cdot 2{,}5\,cm + 2 \cdot 1\,cm \cdot 4\,cm = 5\,cm^2 + 8\,cm^2 + 20\,cm^2 = 33\,cm^2$

3 Die abgebildeten Körper bestehen aus Würfeln mit 1 cm Kantenlänge. Nur gleiche Schichten durften hinten angefügt werden. Ermittle die Oberflächeninhalte der Körper.

a)

$54\,cm^2$

b)

$54\,cm^2$

c)

$114\,cm^2$

Anwenden und Vernetzen

4 Zwei Holzstützen für einen neuen Balkon sind 3 m lang. Sie haben die rechts abgebildete Grundfläche. Vor dem Einbau soll ihre Oberfläche mit Rostschutzmittel gestrichen werden. Die im Fachhandel angebotenen unterschiedlich großen Dosen reichen für 1,5 m² bzw. für 2 m².
Wie viele Dosen jeder Sorte sollten gekauft werden?

Flächeninhalte der Begrenzungsflächen:

30 dm² (oben bzw. unten);

60 dm², 45 dm², 60 dm², 45 dm² (Seitenflächen im Uhrzeigersinn)

Summe: 270 dm² = 2,7 m²

Zwei Dosen, die für 1,5 m² reichen, sollten gekauft werden.

5 Die Inhaberin vom Eiscafé Seeblick möchte neue Sitzauflagen für 25 Stühle herstellen lassen.
Sie sollen die Form eines Quaders haben. Ihr liegen zwei Kissenmuster aus dem gleichen Stoff vor.
Das Muster A ist 38 cm lang, 42 cm breit und 40 mm hoch.
Das Muster B ist 42 cm lang, 42 cm breit und 40 mm hoch.
Der Stoff wurde von einer 1,50 m breiten Rolle abgeschnitten.
Ein Meter Stoff von dieser Rolle kostet 12,30 €.

Wegen der notwendigen Nähte an jeder Kante wurde jede Seitenfläche der Sitzauflage 5 cm länger und 5 cm breiter zugeschnitten, als sie bei der fertigen Sitzauflage ist.
Reichen 170,00 € zum Kauf des benötigten Stoffes?

	Kissen vom Muster A	Kissen vom Muster B
Maße für den Zuschnitt	48 cm lang 52 cm breit 14 cm hoch	52 cm lang 52 cm breit 14 cm hoch
Stoff für ein Kissen	7792 cm²	8320 cm²
Stoff für 25 Kissen	194 800 cm² = 19,48 m² (ca. 20 m²)	208 000 cm² = 20,8 m² (ca. 21 m²)
Preis für 25 Kissen	8,20 € · 20 = 164,00 €	8,20 € · 21 = 172,20 €

Der Stoff für die Auflagen kostet mindestens rund 164 €.

Vermutlich reichen 170 € zum Kauf des für Muster A benötigten Stoffes, jedoch nicht für Muster B.

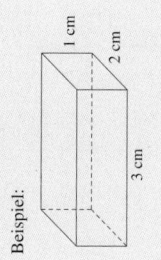

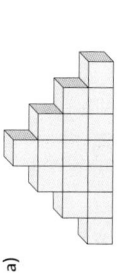

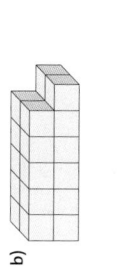

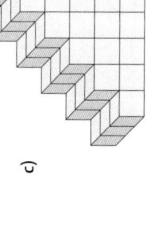

Volumeneinheiten

▶ Grundwissen

- Beim Umrechnen dieser Volumeneinheiten in die nächstkleinere Einheit wird mit 1000 multipliziert.

Einheiten	Umrechnung			
Kubikmeter (m^3)	$1\,m^3$	$= 1000\,dm^3$		
Kubikdezimeter (dm^3)	$1\,dm^3$	$= 1000\,cm^3$	$= \underline{1\,000\,000}$ cm^3	$= \underline{1\,000\,000\,000}$ mm^3
Kubikzentimeter (cm^3)	$1\,cm^3$	$= 1000\,mm^3$	$= \underline{1\,000\,000}$ mm^3	
Kubikmillimeter (mm^3)				

- Das Volumen von Flüssigkeiten wird oft in Liter, Milliliter und Hektoliter angegeben.

Einheiten	Umrechnung	
Liter (l)	$1\,l$	$= 1\,dm^3$
Milliliter (ml)	$1\,ml$	$= 0{,}001\,l$
Hektoliter (hl)	$1\,hl$	$= 100\,l$

Beispiel: Die Verpackung ist etwa $1\,dm^3$ groß und fasst etwa $1\,l$ Flüssigkeit.

$1\,dm^3$
$= 1\,dm^3$
$= 0{,}001\,l$
$= 10\,000\,ml$

▶ Auftrag: Ergänze die Umrechnungen.

Trainieren

1 Wandle in die nächstkleinere Einheit um.

a) $14\,m^3 = \underline{14\,000}\,dm^3$

b) $0{,}08\,cm^3 = \underline{80}\,mm^3$

c) $0{,}045\,dm^3 = \underline{45}\,cm^3$

d) $1{,}02\,cm^3 = \underline{1020}\,mm^3$

e) $200\,m^3 = \underline{200\,000}\,dm^3$

f) $0{,}0003\,dm^3 = \underline{0{,}3}\,cm^3$

2 Wandle in die nächstgrößere Einheit um.

a) $9000\,mm^3 = \underline{9}\,cm^3$

b) $3700\,dm^3 = \underline{3{,}7}\,m^3$

c) $438\,cm^3 = \underline{0{,}438}\,dm^3$

d) $2010\,dm^3 = \underline{2{,}01}\,m^3$

e) $16\,001 = \underline{16}\,hl$

f) $0{,}2\,mm^3 = \underline{0{,}0002}\,cm^3$

3 Wandle in die gegebene Einheit um.

a) $0{,}04\,m^3 = \underline{40\,000}\,cm^3$

b) $0{,}12\,m^3 = \underline{120\,000}\,cm^3$

c) $0{,}05\,l = \underline{50}\,ml$

d) $0{,}25\,l = \underline{250}\,cm^3$

e) $123\,000\,cm^3 = \underline{123}\,l$

f) $750\,l = \underline{7{,}5}\,hl$

4 Ergänze die Volumeneinheit.

a) Flasche Limonade: $0{,}5$ $\underline{l}$

b) Dose Suppe: 400 $\underline{ml}$

c) Tube Zahnpasta: 75 $\underline{ml}$

d) Tanklaster: 20 $\underline{hl}$

Anwenden und Vernetzen

5 Für ihren Umzug von Fulda nach Koblenz hat Familie Rohde 150 Kartons mit einem Volumen von $108\,000\,cm^3$, 20 Kartons mit 121 und 25 Kartons mit $80\,dm^3$ gepackt. Der alte Herd und eine Liege soll auch bei den Kisten im Umzugswagen stehen.
Reicht der vorhandene Platz von rund $35\,m^3$ auf dem Umzugswagen?
Hinweis: Rechne mit Kubikdezimetern.

$150 \cdot 108\,dm^3 = 16\,200\,dm^3$
$20 \cdot 12\,dm^3 = 240\,dm^3$
$25 \cdot 80\,dm^3 = 2000\,dm^3$
Herd: ca. $6\,dm \cdot 7\,dm \cdot 9\,dm = 378\,dm^3 \approx 400\,dm^3$
Liege: ca. $20\,dm \cdot 10\,dm \cdot 5\,dm = 1000\,dm^3$
Summe: $19\,840\,dm^3$

Der Platz von $35\,000\,dm^3$ sollte ausreichen.

6 Vor einem Geschäft stehen die abgebildeten Kisten mit 1-l-Flaschen. Stell dir vor, jeder aus eurer Klasse trinkt davon täglich einen halben Liter Wasser.

a) Wie lange reicht das Wasser?

individuelle Lösung

(32 Kisten zu 12 l sind 384 l.)

384 : (Anzahl der Schüler · 0,5) = …)

b) Nach wie vielen Tagen ist nur noch rund ein Viertel des Wassers vorhanden?

individuelle Lösung

$(384 : 4) \cdot 3 = 288$ 288 : („Anzahl der Schüler" · 2) = …

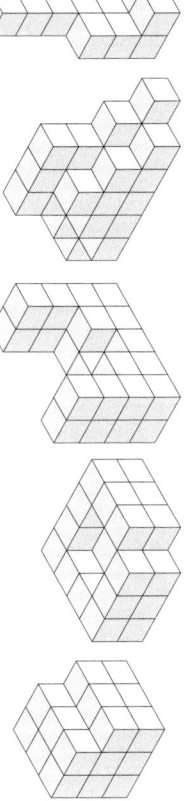

7 Die Körper wurden aus gleich großen Holzwürfeln mit 1 cm langen Kanten gelegt. Welches Volumen hat der größtmögliche Würfel, der aus allen kleinen Würfeln der fünf Körper gebaut werden kann?

$24\,cm^3 + 26\,cm^3 + 27\,cm^3 + 27\,cm^3 + 27\,cm^3 = 131\,cm^3$ $125\,cm^3$ hat der größtmögliche Würfel. (5 cm Kantenlänge)

Volumen eines Quaders

▶ Grundwissen

Das Volumen eines Quaders ist gleich dem Produkt aus der Länge, der Höhe und der Breite des Körpers.

Beispiele:

Quader mit $a = 13\,mm$, $b = 30\,mm$, $c = 9\,mm$

$$V_Q = a \cdot b \cdot c$$
$$V_Q = 13\,mm \cdot 30\,mm \cdot 9\,mm$$
$$= 3510\,mm^3 = 3{,}51\,cm^3$$

Würfel mit $a = 13\,mm$

$$V_W = a \cdot a \cdot a = a^3$$
$$V_W = 13\,mm \cdot 13\,mm \cdot 13\,mm$$
$$= 2197\,mm^3 \approx 2{,}20\,cm^3$$

▶ Auftrag: Ergänze die Formeln.

Trainieren

1 Berechne die Volumen beider Körper.

$$V_Q = 6\,cm \cdot 3\,cm \cdot 2\,cm = 36\,cm^3$$
$$V_W = 3\,cm \cdot 3\,cm \cdot 3\,cm = 27\,cm^3$$

2 Ergänze die Tabellen für Quader.

a)

Länge	Breite	Höhe	Volumen
10 cm	30 cm	6 cm	1 800 cm³
8 dm	3 dm	5 dm	120 dm³
4 m	5 m	3 m	60 m³
20 cm	25 cm	12 cm	6 000 cm³
1 cm	8 mm	70 mm	5 600 mm³

b)

Länge	Breite	Höhe	Volumen
20 m	6 m	4 m	480 m³
90 mm	8 cm	2 cm	144 cm³
4 cm	7 cm	1 dm	280 cm³
1,5 m	4 dm	3 dm	180 dm³
100 cm	2 cm	6 cm	1,2 dm³

3 Gib das Volumen der Körper an. Rechne, wenn nötig, auf einem zusätzlichen Blatt.

a)

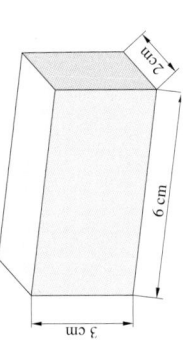

$$12\,cm \cdot 7\,cm \cdot 5\,cm + 8\,cm \cdot 13\,cm \cdot 7\,cm = 1148\,cm^3$$

b)

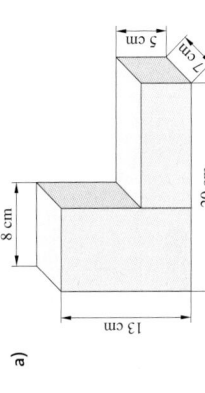

$$6\,cm \cdot 6\,cm \cdot 6\,cm - 3\,cm \cdot 3\,cm \cdot 6\,cm = 162\,cm^3$$

Anwenden und Vernetzen

4 Ben möchte ein gebrauchtes Aquarium kaufen, das etwa 500 l fasst. Zwei der Angebote kommen in die engere Wahl.
Aquarium A: 1 m lang; 50 cm breit; 8 dm hoch
Aquarium B: 90 cm lang; 8 dm breit; 0,7 m hoch

a) Welches Aquarium sollte er sich kaufen?

$$V_A = 10\,dm \cdot 5\,dm \cdot 8\,dm = 400\,dm^3 = 400\,l$$
$$V_B = 9\,dm \cdot 8\,dm \cdot 7\,dm = 504\,dm^3 = 504\,l$$

Er sollte das Aquarium B kaufen.

b) In einer Zeitschrift las er, dass er anhand der Länge der Fische überschlagen werden kann, wie viel Wasser sie benötigen. Je Zentimeter Fisch sollten es etwa 2 Liter Wasser sein.
Er will sich dicklippige Fadenfische kaufen, die etwa 9 cm groß werden.
Wie viele Fische kann er in sein Aquarium setzen?

Wasser für einen Fisch: 9 · 2 l = 18 l   Anzahl der möglichen Fische: 504 l : 18 l = 28

28 Fische haben ausreichend Platz in dem Aquarium.

5 Ein quaderförmiger Goldbarren ist 8 cm lang, 5 cm breit und 2 cm hoch.

a) Wie viele Goldbarren passen in eine würfelförmige Kiste mit 40 cm Kantenlänge?

Volumen eines Barren: $V = 8\,cm \cdot 5\,cm \cdot 2\,cm = 80\,cm^3$
Volumen der Kiste: $40\,cm \cdot 40\,cm \cdot 40\,cm = 64000\,cm^3$
Anzahl der Barren: $64000\,cm^3 : 80\,cm^3 = 800$

800 Barren passen in die Kiste.

b) 1 cm³ Gold wiegt 19,3 g.
Kannst du die Kiste tragen?

$$64000 \cdot 19{,}3\,g = 1235200\,g = 1235{,}2\,kg$$

Die Kiste kann keiner alleine tragen.

c) Wie teuer ist der Inhalt einer Kiste, wenn 1 g Gold etwa 51 € kostet?

$$1235200 \cdot 51\,€ = 62995200\,€$$

Die Kiste kostet 42 799 680 €.

d) In der USA lagern in Fort Knox etwa 4580 t Gold. Wie wertvoll ist dieses Gold?

1 t Gold kostet 51 000 000 € (51 Mio. €).

$$51000000\,€ \cdot 4580 = 233580000000\,€$$

Das Gold ist rund 233,6 Mrd. € wert.

Anwenden und Vernetzen

3 Jeweils ein Teil einer Fläche wurde dargestellt.
Wie könnte die ganze Fläche aussehen? Zeichne jeweils eine Möglichkeit.

a)

b) $\frac{1}{3}$

c) $\frac{1}{4}$

e)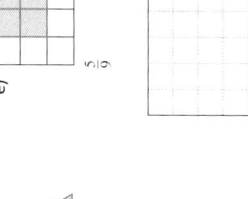
$\frac{5}{9}$

4 Anteile einer Fläche

a) Ermittle die Anteile beider Farben.

$\square \frac{5}{36}$ $\square \frac{31}{36}$

b) Gib die Größen der Flächen in Quadratmillimetern und Quadratzentimetern an.

$\square$ 125 mm^2 = 1,25 mm^2

$\square$ 675 mm^2 = 6,75 mm^2

5 Schreibe folgende Angaben ohne Brüche.
Zusatzaufgabe: Finde, wenn möglich, mehrere Möglichkeiten.
z. B.

a) $\frac{1}{2}$ m = _____ 5 dm = 50 cm = 500 mm

b) $\frac{1}{2}$ km = _____ 500 m = 5 000 dm = 50 000 cm = 500 000 mm

c) $\frac{1}{2}$ kg = _____ 500 g = 50 000 mg

d) $\frac{1}{4}$ kg = _____ 250 g = 25 000 mg

e) $\frac{1}{2}$ d = _____ 12 h = 720 min = 43 200 s = 2 592 000 ms

f) $\frac{3}{4}$ = _____ 45 min = 2 700 s = 162 000 ms

6 Vergleiche.

a) $\frac{1}{2}$ d $>$ $\frac{1}{2}$ h

b) $\frac{1}{2}$ kg $>$ $\frac{1}{2}$ g

c) $\frac{1}{2}$ cm $<$ $\frac{1}{2}$ m

d) $\frac{1}{2}$ € $>$ 1 Cent

e) $\frac{1}{4}$ min $<$ $\frac{3}{4}$ min

f) $\frac{1}{5}$ kg $<$ $\frac{1}{4}$ kg

g) $\frac{1}{3}$ dm $<$ $\frac{3}{5}$ dm

h) $\frac{1}{4}$ € = 25 Cent

7 Verkostung von Pizzas

a) Jede der Pizzen wird zuerst in vier gleich große
Stücke geteilt. Danach wird jedes Viertel gedrittelt.
Welchen Anteil von einer ganzen Pizza
hat ein kleines Stück?

$\boxed{\dfrac{1}{12}}$

b) Jonas möchte von jeder der Pizzen eines der kleinen
Stücke essen.
Kreuze alle dazu passenden Anteile einer Pizza an.

$\square \frac{1}{9}$ $\square \frac{9}{9}$ $\boxtimes \frac{3}{4}$ $\boxtimes \frac{9}{12}$

c) Eine Klasse mit 27 Schülern gewinnt die 9 Pizzen.
Wie groß ist der Anteil einer Pizza
für jeden der Klasse?

$\boxed{\dfrac{1}{3}}$

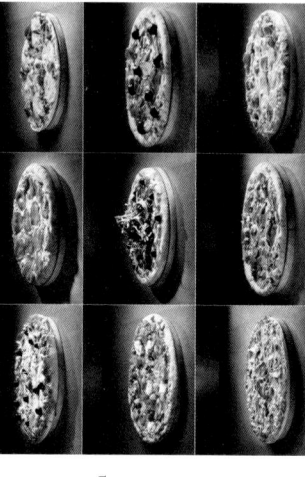
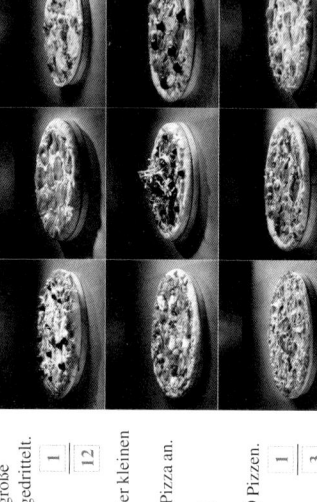

Brüche im Alltag

Anteile

▶ Grundwissen

Anteile vom Ganzen werden durch Brüche bezeichnet.

| Der Zähler | gibt an, wie viele gleich große Teile vom Ganzen zu nehmen sind. |
| Der Nenner | gibt an, in wie viele gleich große Teile ein Ganzes zerlegt wurde. |

▶ Auftrag: Ergänze die Fachbegriffe.

Beispiel:

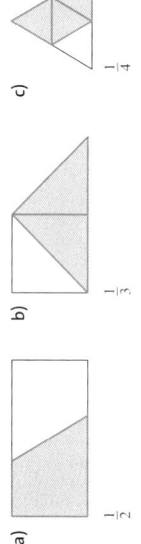

$\frac{4}{5}$

Trainieren

1 Gib jeweils den Anteil der farbigen Fläche an der ganzen Figur mit einem Bruch an.

a) $\frac{1}{4}$

b) $\frac{1}{3}$

c) $\frac{1}{2}$

d) $\frac{1}{4}$

e) $\frac{3}{4}$

f) $\frac{2}{3}$

g) $\frac{3}{8}$

h) $\frac{5}{6}$

i) $\frac{3}{4}$

j) $\frac{2}{4} = \frac{1}{2}$

k) $\frac{2}{4} = \frac{1}{2}$

l) $\frac{1}{3}$

2 Färbe passende Anteile ein. Unterteile, wenn nötig, die Figur.

a) $\frac{1}{2}$

b) $\frac{1}{5}$

c) $\frac{3}{6} = \frac{1}{2}$

d)

e) $\frac{1}{2}$

f) $\frac{1}{2}$

g) $\frac{2}{5}$

h) $\frac{6}{6}$

i) $\frac{1}{2}$

j) $\frac{1}{3}$

k) $\frac{4}{5}$

l) $\frac{2}{7}$

Erweitern und Kürzen

▶ Grundwissen

- Beim Erweitern werden Zähler und Nenner mit derselben natürlichen Zahl (außer 0 oder 1) multipliziert. Der Wert des Bruches bleibt dabei gleich.

Beispiel: $\frac{1}{4} = \frac{1\cdot3}{4\cdot3} = \frac{3}{12}$

- Beim Kürzen werden Zähler und Nenner durch dieselbe natürliche Zahl (außer 0 oder 1) dividiert. Der Wert des Bruches bleibt dabei gleich.

Beispiel: $\frac{9}{15} = \frac{9:3}{15:3} = \frac{3}{5}$

▶ **Auftrag:** Veranschauliche die Anteile.

Trainieren

1 Gib jeweils den Anteil der farbigen Fläche an der ganzen Figur mit einem weiteren Bruch an.

a) $\dfrac{3}{4} = \dfrac{6}{8}$

b) $\dfrac{3}{4} = \dfrac{12}{16}$

c) $\dfrac{3}{4} = \dfrac{24}{32}$

d) $\dfrac{3}{4} = \dfrac{6}{8}$

2 Gib jeweils den Anteil der farbigen Fläche an der ganzen Figur mit zwei Brüchen an.
Zusatzaufgabe: Finde jeweils weitere gleichwertige Brüche.

a) $\dfrac{1}{4} = \dfrac{4}{16}$

b) $\dfrac{1}{4} = \dfrac{4}{16}$

c) $\dfrac{2}{7} = \dfrac{8}{28}$ $\dfrac{3}{8} = \dfrac{6}{16}$

d) $\dfrac{1}{8} = \dfrac{2}{16}$

3 Erweitere jeweils mit der Zahl im Stern.

a) $\dfrac{2}{5}$ ☆2

b) $\dfrac{3}{4} = \dfrac{9}{12}$ ☆3

c) $\dfrac{2}{7} = \dfrac{8}{28}$ ☆4

d) $\dfrac{3}{7} = \dfrac{15}{35}$ ☆5

e) $\dfrac{8}{9} = \dfrac{16}{18}$ ☆2

f) $\dfrac{9}{10} = \dfrac{54}{60}$ ☆6

g) $\dfrac{2}{3} = \dfrac{16}{24}$ ☆8

h) $\dfrac{1}{10} = \dfrac{13}{130}$ ☆13

4 Kürze jeweils mit der Zahl im Stern.

a) $\dfrac{20}{50} = \dfrac{2}{5}$ ☆10

b) $\dfrac{4}{20} = \dfrac{1}{5}$ ☆4

c) $\dfrac{12}{15} = \dfrac{4}{5}$ ☆3

d) $\dfrac{12}{60} = \dfrac{2}{10}$ ☆6

e) $\dfrac{42}{49} = \dfrac{6}{7}$ ☆7

f) $\dfrac{45}{81} = \dfrac{5}{9}$ ☆9

g) $\dfrac{32}{40} = \dfrac{4}{5}$ ☆8

h) $\dfrac{24}{60} = \dfrac{2}{5}$ ☆12

Anwenden und Vernetzen

5 Schach

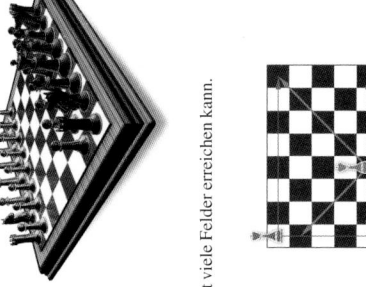

a) Welchen Anteil der Felder eines Schachbrettes nehmen die schwarzen Bauern ein?
Hinweis: Alle Figuren in der vorderen Reihe sind Bauern.

$\dfrac{8}{64} = \dfrac{1}{8}$ des Brettes nehmen die schwarzen Bauern ein.

b) In jeder der drei Zeichnungen sind Beispiele für erlaubte, beliebig weite Züge einer Spielfigur über unbesetzte Felder angegeben.
Je nach Position können sie im nächsten Zug unterschiedliche Felder erreichen.
Ermittle zuerst für jede Spielfigur die Position, von der aus sie möglichst viele Felder erreichen kann.
Gib danach den Anteil der Felder an.

Turm (entweder waagerecht oder senkrecht)

$\dfrac{14}{64} = \dfrac{7}{32}$

Läufer (nur diagonal)

$\dfrac{13}{64}$

Dame (entweder waagerecht oder senkrecht oder diagonal)

$\dfrac{27}{64}$

6 Ergänze jeweils den fehlenden Zähler oder Nenner.

a) $\dfrac{2}{5} = \dfrac{6}{15} = \dfrac{60}{150}$

b) $\dfrac{3}{7} = \dfrac{12}{28} = \dfrac{120}{280}$

c) $\dfrac{9}{10} = \dfrac{45}{50} = \dfrac{90}{100}$

d) $\dfrac{3}{20} = \dfrac{15}{100} = \dfrac{30}{200}$

e) $\dfrac{1}{9} = \dfrac{3}{27} = \dfrac{30}{270}$

f) $\dfrac{7}{11} = \dfrac{35}{55} = \dfrac{70}{110}$

g) $\dfrac{11}{12} = \dfrac{22}{24} = \dfrac{33}{36}$

h) $\dfrac{4}{9} = \dfrac{36}{81} = \dfrac{72}{162}$

7 Gib den Anteil jeder Farbe an. Kürze so weit wie möglich.

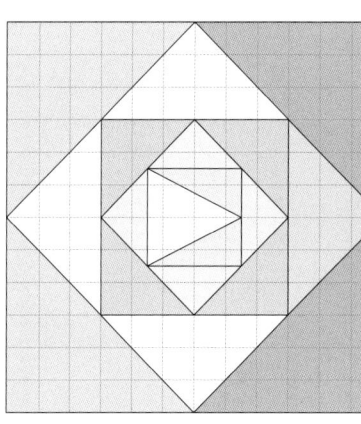

$\dfrac{36}{144} = \dfrac{1}{4}$

$\dfrac{45}{144} = \dfrac{5}{16}$

$\dfrac{63}{288} = \dfrac{7}{32}$

$\dfrac{18}{144} = \dfrac{1}{8}$

$\dfrac{9}{144} = \dfrac{1}{16}$

$\dfrac{9}{288} = \dfrac{1}{32}$

Kapitel Zahlen und Daten

1 Anna hat die jeweils gewürfelte Augenzahl aufgeschrieben.

1; 5; 4; 6; 5; 3; 2; 1; 4; 6; 3; 3; 6;
4; 2; 5; 3; 2; 4; 5; 1; 6; 6; 3; 5; 6

Veranschauliche die Daten in einer Strichliste und in einem Säulendiagramm.

gewürfelte Augenzahl	Anzahl
1				
2					
3	||||| (Bündel)
4					
5						
6						

(Säulendiagramm: Anzahl gegen gewürfelte Augenzahl 1–6)

2 In dieser Aufgabe geht es um die längsten Flüsse der Welt.

a) Lies die Längen der ersten vier Flüsse aus dem Diagramm ab.

b) Runde die Längen der folgenden Flüsse sinnvoll. Notiere die Ergebnisse rechts neben dem Diagramm.
Jangtsekiang: 5 534 km, Amur: 4 327 km, Wolga: 3 742 km

c) Veranschauliche die Längen der Flüsse aus Aufgabenteil b im Diagramm.

(Diagramm: Länge in km, 0 1000 2000 3000 4000 5000 6000 7000)

Nil: 6700 km
Kongo: 4400 km
Niger: 4200 km
Mississippi: 3800 km
Jangtsekiang: 5500 km
Amur: 4300 km
Wolga: 3700 km

3 Trage folgende Zahlen in die Stellenwerttafel ein.

a) zwölf Billionen dreißigtausendfünf
b) neun Milliarden sechzehntausenddreizehn
c) vier Milliarden dreihundert
d) achtundzwanzig Millionen vierhunderteintausend

	Billionen			Milliarden			Millionen			Tausender					
	H	Z	E	H	Z	E	H	Z	E	H	Z	E	H	Z	E
a)		1	2								3	0	0	0	5
b)						9					1	6		1	3
c)						4							3	0	0
d)								2	8	4	0	1	0	0	0

4 Ordne nach der Größe. 2587; 0; 18; 187; 2578; 10²; 125; 10³

0 < 18 < 10² < 125 < 187 < 10³ < 2578 < 2587

Kapitel Größen messen

1 Rechne jeweils in die gegebene Einheit um.

a) 7 km = 7000 m
b) 85 cm 5 mm = 855 mm
c) 780 dm = 78 m
d) 7800 g = 7 kg 800 g
e) 95 t = 95000 kg
f) 7500 mg = 7,5 g
g) 9999 ct = 99,99 €
h) 23 € 25 ct = 2325 ct
i) 1,95 € = 195 ct
j) 7 d = 168 h
k) 1 h 30 min = 90 min
l) 180 s = 3 min

2 Auf der Kirmes kann man 1 min 45 s für 5 € Achterbahn fahren, 2 min Autoscooter für 3 € und 90 s Karussell für 2,50 €.

a) Welche der Fahrten dauert am längsten? Die Fahrten mit dem Autoscooter dauern am längsten.

b) Wie viel Euro kostet es insgesamt, wenn man jeweils eine Fahrt macht? Insgesamt kostet es 10,50 €.

3 Ergänze jeweils eine Einheit, sodass die Aussage wahr sein kann.

a) Eine Arbeitsheftseite ist ca. 200 mm breit und 3 dm hoch.

b) Ein Päckchen Saft wiegt ca. 0,2 kg.

c) Ein Atemzug dauert ca. 2 s.

4 Lies die Jahreszahlen folgender Ereignisse so genau wie möglich ab.

(Zeitstrahl mit Beschriftungen: Gründung Roms – Christi Geburt – Euklid schreibt seine Lehrbücher der Geometrie – Festlegung der christlichen Zeitrechnung – Kaiserkrönung Karl des Großen – Kolumbus entdeckt Amerika – Französische Revolution; 500 v. Chr. – 500 n. Chr. – 1000 – 1500)

Gründung Roms: etwa 750 v. Chr. (753 v. Chr.)
Kolumbus entdeckt Amerika: etwa 1490 (1492)
Festlegung der christlichen Zeitrechnung: etwa 520 (525)
Kaiserkrönung Karls des Großen: 800
Französische Revolution: etwa 1790 (1789)
Euklid schrieb Lehrbücher: 300 v. Chr.

5 Karte mit den Höchstwerten der Temperaturen am 10. März

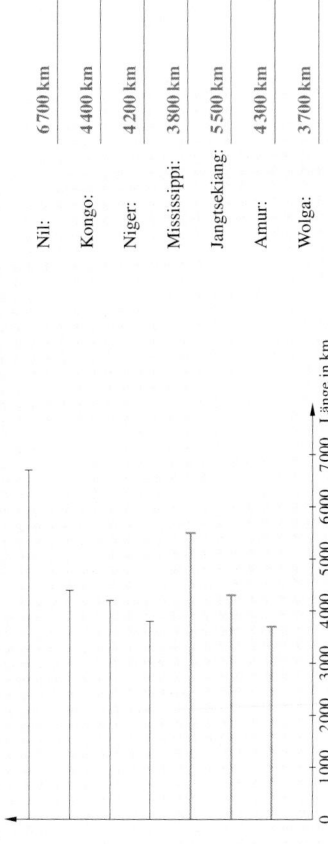

Höchsttemperatur 10. März

Helsinki +6°C; Oslo +4°C; Stockholm +2°C; Moskau −8°C; Warschau −3°C; Kopenhagen +3°C; Berlin +2°C; Frankfurt +5°C; Wien +6°C; London +6°C; Dublin +4°C; Paris +8°C; Rom +12°C; Madrid +9°C; Lissabon +8°C; Athen +14°C; Ankara +9°C

−20° −15° −10° −5° 0° 5° 10° 15° 20°C

a) Nenne zwei nicht gleich warme Städte, in denen Schnee liegen könnte und die Temperaturen über −6 °C liegen.
z. B. Oslo (−4 °C); Warschau (−3 °C)

b) Nenne zwei Städte, in denen der Abstand der Temperaturen zu null gleich ist, jedoch nicht die Temperaturen.
z. B. Paris (8 °C); Moskau (−8 °C)

Kapitel Geometrie

1 Sechseck

a) Zeichne in das Sechseck alle Diagonalen ein und gib die Anzahl an.

Das abgebildete Sechseck hat __9__ Diagonalen.

b) Bezeichne zwei der Diagonalen, die senkrecht zueinander verlaufen mit e und f.

c) Bezeichne zwei der Diagonalen, die parallel zueinander verlaufen mit g und h. Gib deren Abstand an.

g und h haben einen Abstand von __3__ cm (= __30__ mm).

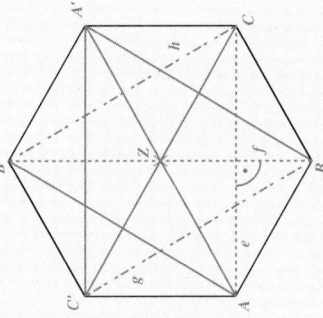

2 Zeichne jeweils die Punkte im Koordinatensystem ein und gib die fehlen Koordinaten der Vierecke an.

a) Quadrat *ABCD*:   A (1 | 1)   B (4 | 1)   C (4 | _4_)   D (_1_ | _4_)

b) Parallelogramm *EFGH*:   E (5 | 1)   F (7 | 1)   G (_8_ | 3)   H (6 | _3_)

c) Raute *IJKL*:   I (10 | 1)   J (11 | 3)   K (10 | _5_)   L (_9_ | 3)

d) Rechteck *MNOP*:   M (12 | 1)   N (14 | 1)   O (_14_ | 4)   P (12 | _4_)

e) Trapez *QRST*:   Q (2 | 5)   R (5 | 5)   S (5 | _7_)   T (3 | _7_)

f) Drachenviereck *UVWX*:   U (13 | 5)   V (14 | 6)   W (13 | _7_)   X (11 | _6_)

3 Anni sagt: „Ich habe ein Trapez gezeichnet, das zwei gleich lange Seiten hat und kein Parallelogramm ist." Was meinst du dazu?

Sie hat ein Trapez mit zwei gleich langen, nicht parallelen Seiten gezeichnet.

Kapitel Addition und Subtraktion

1 Berechne.

a) $507 + 41 =$ __548__
b) $827 + 19 =$ __846__
c) $1027 + 88 =$ __1115__

d) $200 - 87 =$ __113__
e) $756 - 80 =$ __676__
f) $75600 - 80 =$ __75520__

g) $37 + 58 + 23 =$ __118__
h) $67 - 18 - 17 =$ __32__
i) $23 + 24 + 25 + 26 + 27 =$ __125__

2 Schreibe jeweils zuerst das Ergebnis des Überschlags auf. Rechne danach schriftlich.

 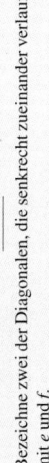

a) __5000__

```
  9 2 7 2
- 3 8 1 0
      1
  5 4 6 2
```

b) __14000__

```
   6 8 0 6
 + 5 8 2 1
 + 1 4 8 0
     1 2 1
1 4 1 1 0 7
```

c) __5000__

```
  7 0 3 0
- 1 8 2 3
    1 1
  5 2 0 7
```

d) __11000__

```
   8 6 4 5
 +   3 2 2
 + 1 9 5 7
   1 1 1 1
1 0 9 2 4
```

3 Ergänze jeweils die fehlenden Klammern.

a) $28 + 9 - (33 + 41) = -37$

b) $-57 - (40 - 30) - (12 - (-7)) = -86$

4 Ermittle das Ergebnis.

a) Subtrahiere die Differenz der Zahlen 52 und 24 von der Summe der Zahlen 48 und 7.

$(48 + 7) - (52 - 24) = 41 - 28 = 13$

b) Der Minuend ist um 11 größer als der Subtrahend. Welchen Wert hat die Differenz?

Die Differenz ist 11.

5 Wenn die Sonne an einem Ort am höchsten steht, ist an diesem Ort 12:00 Uhr mittags. Dies ist nicht überall gleichzeitig der Fall, deshalb wurde die Erde in Zeitzonen unterteilt.

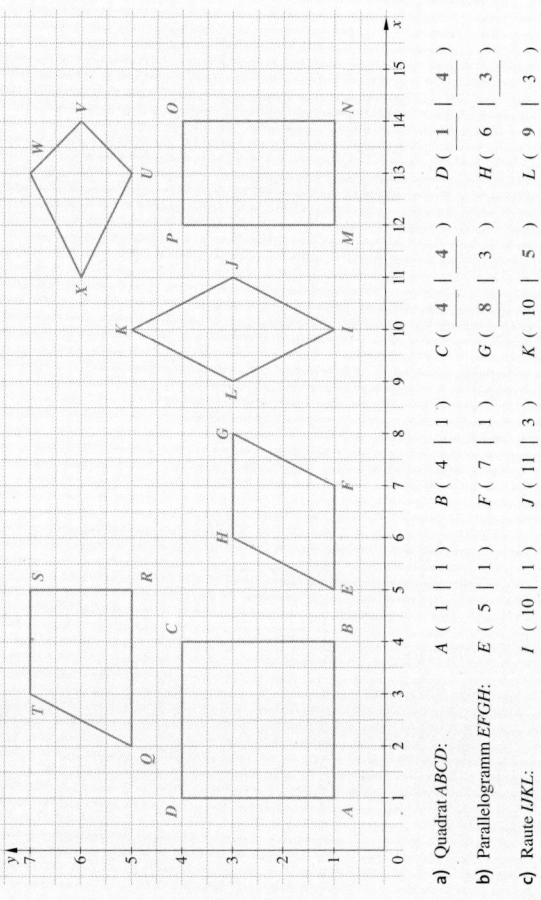

Zeitzonen

Maßstab 1:240000000

a) Wie spät ist es etwa in Südafrika, wenn es bei uns 12:00 Uhr mittags ist?

13:00 Uhr

b) Wie spät ist es etwa in Australien, wenn es bei uns 12:00 Uhr mittags ist?

zwischen 19:00 und 21:00 Uhr

c) Wie spät ist es etwa auf Grönland, wenn es in Südafrika 19:00 Uhr ist?

zwischen 13:00 und 15:00 Uhr

d) Stelle eine weitere Aufgabe und löse diese.

individuelle Lösung

Kapitel Flächenberechnung

1 Gib die Flächeninhalte in Quadratzentimeter und Quadratmillimeter an und die Umfänge in Zentimeter.

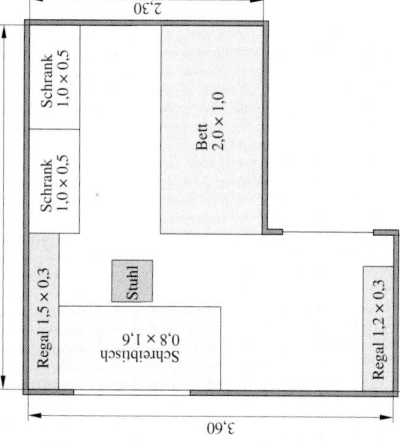

Viereck ①: $A = 9\,\text{cm}^2 = 900\,\text{mm}^2$; $U = 12\,\text{cm}$

Viereck ②: $A = 4\,\text{cm}^2 = 400\,\text{mm}^2$; $U = 9\,\text{cm}$

Viereck ③: $A = 6\,\text{cm}^2 = 600\,\text{mm}^2$; $U = 14\,\text{cm}$

Viereck ④: $A = 6{,}25\,\text{cm}^2 = 625\,\text{mm}^2$; $U = 18\,\text{cm}$

2 Rechne jeweils in die gegebene Einheit um.

a) $507000\,\text{m}^2 = \underline{50\,700\,000}\ \text{dm}^2$

b) $970000\,\text{dm}^2 = \underline{9700}\ \text{m}^2$

c) $802000000\,\text{m}^2 = \underline{802}\ \text{km}^2$

d) $8500\,\text{mm}^2 = \underline{85}\ \text{cm}^2$

e) $20\,\text{cm}^2 = \underline{2000}\ \text{mm}^2$

f) $2{,}5\,\text{ha} = \underline{250}\ \text{a}$

3 Maria hat ihr Zimmer ausgemessen und gezeichnet. Die Längen sind in Meter angeben.

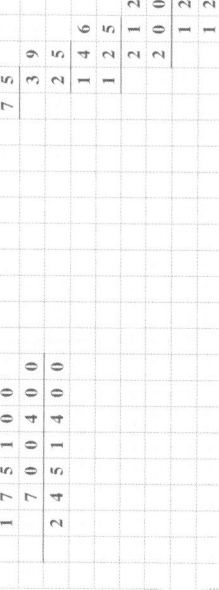

a) Berechne, wie groß ihr Zimmer ist.   Ihr Zimmer ist **10 m² groß**.

z. B.

$360\,\text{cm} \cdot 350\,\text{cm} - 130\,\text{cm} \cdot 200\,\text{cm}$
$= 100\,000\,\text{cm}^2 = 10\,\text{m}^2$

b) Schreibe die Gegenstände nach der Größe der Stellfläche sortiert auf.

Stuhl; Regal; Schrank; Bett

Kapitel Multiplikation und Division

1 Berechne.

a) $60 : 11 = \underline{660}$

b) $12 \cdot 15 = \underline{180}$

c) $660 : 11 = \underline{60}$

d) $450 : 90 = \underline{5}$

e) $70 \cdot 8 = \underline{560}$

f) $210 \cdot 4 = \underline{840}$

g) $72 : 2 = \underline{144}$

h) $13 \cdot 8 = \underline{104}$

i) $77 : 77 = \underline{1}$

j) $660 : 0 = \underline{\text{n.l.}}$

k) $60 : 15 = \underline{4}$

l) $0 : 11 = \underline{0}$

2 Gib alle ganzen Zahlen an, die zum richtigen Ergebnis führen.

a) $720 : \bigstar = 9$ $\underline{80}$

b) $(\bigstar)^2 < 16$ $\underline{-3;\ -2;\ -1;\ 0;\ 1;\ 2;\ 3}$

c) $\bigstar \cdot 25 + 15 = -85$ $\underline{-4}$

d) $\bigstar : 6 = 15$ $\underline{90}$

3 Finde jeweils eine Möglichkeit, wie die fehlenden Klammern zu setzen sind.

a) $8 \cdot (9 - 3) + 4 = 52$

b) $(84 : 14) + 2 \cdot 15 = 36$

4 Schreibe jeweils zuerst das Ergebnis des Überschlags auf. Rechne danach schriftlich in einer geeigneten Einheit.

a) $28 \cdot 875{,}50\,€ = \underline{24514\,€}$

Überschlag: $30 \cdot 900\,€ = 27000\,€$

```
8 7 5 5 0 · 2 8
1 7 5 1 0 0
7 0 0 4 0 0
2 4 5 1 4 0 0
```

b) $789{,}625\,\text{km} : 25 = \underline{31{,}585\,\text{km}}$

Überschlag: $800\,\text{km} : 25 = 32\,\text{km}$

```
7 8 9 6 2 5 : 2 5 = 3 1 5 8 5
7 5
3 9
2 5
1 4 6
1 2 5
2 1 2
2 0 0
1 2 5
1 2 5
0
```

5 Lea und Ole haben in mehreren Reisebüros Angebote für eine Gruppenfahrt zu einem Outdoor-Parcour mit 25 Schülern erstellen lassen. Vergleiche beide Angebote.

Das beste Angebot von Ole ist: Ein Busunternehmen fährt alle für insgesamt 420 €.

Das beste Angebot von Lea ist: Jeder Schüler zahlt 16,70 € für die Fahrt.

z. B.

Oles Angebot: Jeder zahlt 16,80 € (1680 ct) für die Fahrt.

Leas Angebot: Insgesamt sind 417,50 € (41750 ct) zu zahlen.

Leas Angebot ist etwas preiswerter als das von Ole.

```
4 2 0 0 0 : 2 5 = 1 6 8 0
2 5
1 7 0
1 5 0
2 0 0
2 0 0
0 0
0 0
0
```

```
1 6 7 0 · 2 5
3 3 4 0
8 3 5 0
4 1 7 5 0
```

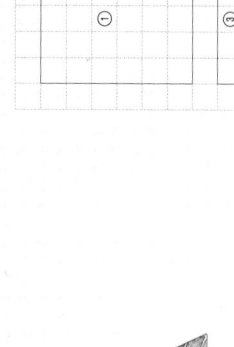

Kapitel Körper

1 Gib jeweils die Anzahl der verwendeten Bausteine an.

verschiedenartige Grundformen: 4

Würfel: 2

Quader: 6

2 Rechteck und Quader

a) Zeichne ein Rechteck mit 2 cm und 3 cm Seitenlänge. Ergänze das Rechteck zum Schrägbild eines Quaders mit 4 cm Tiefe.

b) Gib jeweils die Anzahl an.

Kanten: 12

Flächen: 6

Ecken: 8

c) Zeichne zwei Paare zueinander parallel verlaufender Strecken rot und zwei Paare zueinander senkrecht verlaufender Strecken blau nach. individuelle Lösung

d) Zeichne ein Körpernetz des von dir gezeichneten Quaders. Gib den Oberflächeninhalt O des Quaders an.

z.B.

$O = 2 \cdot (2\,\text{cm} \cdot 3\,\text{cm} + 3\,\text{cm} \cdot 4\,\text{cm} + 2\,\text{cm} \cdot 4\,\text{cm}) = 52\,\text{cm}^2$

3 Kreuze die Würfelnetze an.

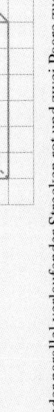

Kapitel Volumen von Körpern

1 Wandle jeweils in die gegebene Einheit um.

a) $6500\,\text{cm}^3 = $ 6,5 dm^3

b) $0,3\,\text{m}^3 = $ 300 dm^3

c) $3,8\,\text{cm}^3 = $ 3800 mm^3

d) $0,0008\,\text{m}^3 = $ 800 cm^3

e) $14\,l = $ 14 dm^3

f) $2750\,\text{ml} = $ 2,75 l

2 Kann das wahr sein? Kreuze an und begründe deine Meinung.

a) Fabian sagt: „Ein Würfel mit 2 dm Kantenlänge hat ein Volumen von 8 l." ☒ ja ☐ nein

$2\,\text{dm} \cdot 2\,\text{dm} \cdot 2\,\text{dm} = 8\,\text{dm}^3 = 8\,l$

b) Lili sagt: „36 Würfel mit 1 cm langen Kanten passen in einen 30 mm breiten Würfel." ☐ ja ☒ nein

$1\,\text{cm} \cdot 1\,\text{cm} \cdot 1\,\text{cm} = 1\,\text{cm}^3$ $30\,\text{mm} \cdot 30\,\text{mm} \cdot 30\,\text{mm} = 27\,000\,\text{mm}^3 = 27\,\text{cm}^3$ $27\,\text{cm}^3 : 1\,\text{cm}^3 = 27$

c) Tim sagt: „In fünf Würfel mit 5 cm langen Kanten passt mehr als ein halber Liter." ☒ ja ☐ nein

$5\,\text{cm} \cdot 5\,\text{cm} \cdot 5\,\text{cm} = 125\,\text{cm}^3$ $125\,\text{cm}^3 \cdot 5 = 625\,\text{cm}^3 = 0,625\,l > 0,5\,l$

3 Würfeltürme aus kleineren, gleich großen Würfeln

a) Eine Seite eines Würfelturms ist zu sehen. Aus wie vielen kleineren Würfeln besteht der abgebildete Turm?

$4 \cdot 4 \cdot 4 = 64$ Der Turm besteht aus 64 kleineren Würfeln.

b) Aus wie vielen der kleineren Würfel des abgebildeten Turmes können andere Würfeltürme gebaut werden?

$2 \cdot 2 \cdot 2 = 8$ $3 \cdot 3 \cdot 3 = 27$

Aus 8 bzw. 27 der Würfel können andere Würfeltürme gebaut werden.

4 Die Firma Haller füllt Fruchtsaft in Getränkekartons. Die Designabteilung entwirft einen neuen quaderförmigen Karton für 0.7 l Orangensaft.

a) Die Maschinen der Firma können zwei Arten von Kartons herstellen.

Karton A hat 10 cm Länge und 10 cm Breite.

Karton B hat 14 cm Länge und 5 cm Breite.

Die Höhe kann an der Maschine eingestellt werden. Wie hoch muss Karton A bzw. Karton B werden, um 0,7 l zu enthalten? $0,7\,l = 700\,\text{cm}^3$

Karton A ist 7 cm hoch.

Karton B ist 10 cm hoch.

b) Die Materialkosten hängen von der Oberfläche ab. Berechne die Größen der Oberflächen von Karton A und Karton B.

Der Oberflächeninhalt von Karton A beträgt 480 cm².

Der Oberflächeninhalt von Karton B beträgt 520 cm².

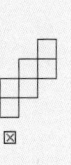
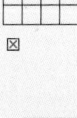

Kapitel Brüche im Alltag

1 Schreibe entsprechende Brüche auf.

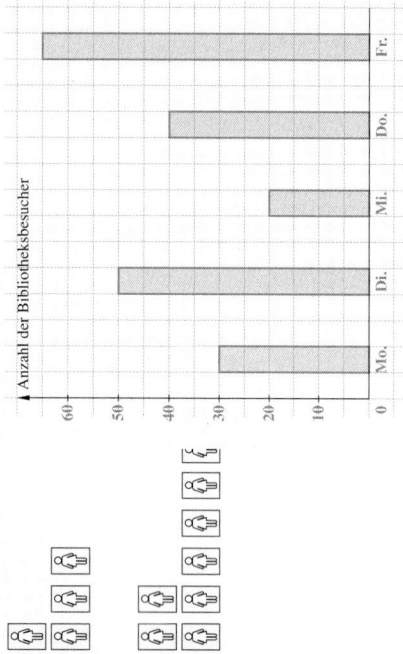

a) Der dunkel eingefärbte Anteil ist … eines Ganzen.

$\frac{3}{4}$ $\frac{7}{10}$ $\frac{3}{10}$ $1\frac{3}{4}$

$(1\frac{3}{4}$ ist größer als „1".$)$

b) Der dunkel eingefärbte Anteil ist … kleiner als ein Ganzes.

$\frac{1}{4}$ $\frac{3}{10}$ $\frac{7}{10}$

2 Setze die fehlenden Zahlen ein.

a) $\frac{2}{3} = \frac{10}{15}$ **b)** $\frac{7}{11} = \frac{21}{33}$ **c)** $\frac{7}{25} = \frac{28}{100}$ **d)** $1 = \frac{8}{8}$

e) $1\frac{5}{6} > \frac{1}{3}$ **f)** $4\frac{1}{5} = \frac{21}{5}$ **g)** $\frac{7}{2} = 3\frac{1}{2}$ **h)** $\frac{19}{6} = 3\frac{1}{6}$

3 Vergleiche.

a) $\frac{7}{21} = \frac{1}{3}$ **b)** $\frac{1}{4} > \frac{8}{36}$ **c)** $\frac{72}{100} < \frac{3}{4}$ **d)** $\frac{7}{8} < 1$

e) $2\frac{1}{6} > \frac{1}{3}$ **f)** $2\frac{3}{8} > \frac{6}{8}$ **g)** $7\frac{3}{10} = \frac{73}{10}$ **h)** $9\frac{2}{9} < \frac{86}{9}$

4 Ordne jedem Bruch eine Stelle zu.

$\frac{6}{12}$ $\frac{5}{10}$ $\frac{7}{5}$ $\frac{3}{4}$ $\frac{3}{10}$ $\frac{5}{4}$ $\frac{7}{10}$ $1\frac{1}{4}$ $\frac{6}{20}$ $\frac{8}{5}$ $1\frac{1}{5}$

0 $\frac{3}{10}$ $\frac{6}{12}$ $\frac{6}{20}$ $\frac{5}{10}$ $\frac{7}{10}$ $\frac{3}{4}$ 1 $1\frac{1}{5}$ $1\frac{1}{4}$ $\frac{5}{4}$ $\frac{7}{5}$ $\frac{8}{5}$

5 Nimm ein Blatt Papier, halbiere es viermal nacheinander und falte es danach auseinander.

a) Skizziere das Ergebnis.

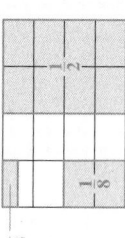

$\frac{1}{32}$ $\frac{1}{8}$ $\frac{1}{2}$

b) Lege zuerst Farben fest und markiere entsprechend.
Ermittele danach den Anteil der nicht markierten Fläche.

□ $\frac{1}{32}$ □ $\frac{1}{2}$ □ $\frac{1}{8}$

Nicht markiert sind $\frac{11}{32}$.

Jahrgangsstufentest

1 Jedes Symbol steht für zehn Bibliotheksbesucher.
Stelle im Säulendiagramm die Anzahl der Bibliotheksbesucher pro Tag dar.

Montag (Mo.)
Dienstag (Di.)
Mittwoch (Mi.)
Donnerstag (Do.)
Freitag (Fr.)

Anzahl der Bibliotheksbesucher

60 | 50 | 40 | 30 | 20 | 10 | 0   Mo. Di. Mi. Do. Fr.

2 Berechne.

a) $857 + 340 = 1197$ **b)** $297 - 73 = 224$ **c)** $320 \cdot 3 = 960$ **d)** $1025 : 5 = 205$

e) $51 \cdot 2 = 102$ **f)** $360 : 4 = 90$ **g)** $299 + 4 = 303$ **h)** $210 - 4 = 206$

3 Rechne jeweils in die gegebene Einheit um.

a) $5000\,\text{m} = 5$ km   **b)** $97\,\text{km} = 97000$ m   **c)** $82700\,\text{cm}^2 = 827$ dm²   **d)** $27\,\text{cm}^2 = 2700$ mm²

e) $823000\,\text{g} = 823$ kg   **f)** $27\,\text{t} = 27000$ kg   **g)** $180\,\text{min} = 3$ h   **h)** $5\,\text{d} = 120$ h

4 Haus im Koordinatensystem

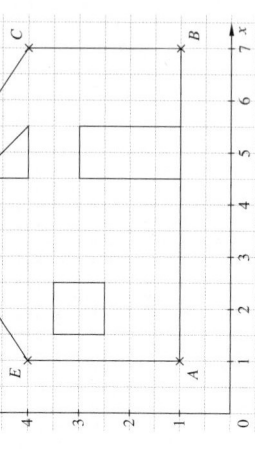

a) Gib die Koordinaten der Punkte an.

$A\,($ 1 | 1 $)$ $B\,($ 7 | 1 $)$

$C\,($ 7 | 4 $)$ $D\,($ 4 | 6 $)$

$E\,($ 1 | 4 $)$

b) Welche Strecken sind parallel zueinander?

$\overline{AE} \parallel \overline{BC}$

c) Welche Strecken sind senkrecht zueinander?

$AB \perp BC$; $AB \perp AE$

d) Gib den Flächeninhalt und den Umfang vom Fünfeck ABCDE an.

$A = 24\,\text{cm}^2$; $U = 19\,\text{cm}$

5 Herr Schmidt hat 6 832 € gewonnen. Er will das Geld gleichmäßig unter seinen sieben Enkeln aufteilen.

a) Wie viel Euro erhält jedes Kind?

Jedes Kind erhält 976 €.

b) Wie viel Euro erhält jedes Kind, wenn Herr Schmidt die Hälfte für sich behält?

Jedes Kind erhält nur 488 €.

c) Herr Schmidt und seine Enkel wollen sich vom Gewinn einen Kurzurlaub leisten. Pro Person sind dafür 279 € an das Reisebüro zu überweisen. Jedoch, wenn alle gleichzeitig bezahlen, gibt es 138 € Rabatt. Wie viel Euro sind mindestens insgesamt an das Reisebüro zu überweisen?

Insgesamt sind 2 094 € zu überweisen.

z. B.

```
6 8 3 2 : 7 = 9 7 6
6 3
  5 3
  4 9
    4 2
    4 2
      0
```

```
9 7 6 : 2 = 4 8 8
8
1 7
1 6
  1 6
  1 6
    0
```

```
  2 7 9 · 8
  2 2 3 2
  2 2 3 2
- 1 3 8
  2 0 9 4
```

6 Trage die gesuchten Begriffe in die Kästchen ein. Wenn alles richtig ist, ergibt sich ein Lösungswort.
Hinweis: Ü wird als UE eingetragen und Ö als OE.

1. Linie mit Anfangs- und Endpunkt
2. Rauminhalt
3. Fachwort für einen Teil des Quotienten
4. Währungseinheit
5. Körper, mit Netzen aus drei unterschiedlichen Rechtecken sind ...
6. Körper, bei denen mehrere Seitenflächen Dreiecke sind
7. Einheit der Zeit
8. Fachwort für einen Teil der Differenz
9. spezielles Rechteck
10. Körper ohne Ecken
11. Ausgebreitete Oberfläche eines Körpers
12. Methode zur Bestimmung von Flächeninhalten
13. zweite Koordinate
14. 1 000 steht für ...
15. Rechengesetz der Multiplikation und Addition
16. Körper mit 6 Seitenflächen
17. Einheit der Masse

1. S T R E C K E
2. V O L U M E N
3. D I V I S O R
4. E U R O
5. P Y R A M I D E N
6. P Y R A M I D E N
7. S T U N D E
8. S U B T R A H E N D
9. Q U A D R A T
10. K U G E L
11. K O E R P E R N E T Z
12. A U S L E G E N
13. Y - Wert
14. E I N T A U S E N D
15. K O M M U T A T I V G E S E T Z
16. Q U A D E R
17. G R A M M